传家宝 老珠子

收藏幸福系列

允华 著

江西科学技术出版社

题词

小珠子大世界

王巍
二〇一五年九月三日

中国社会科学院考古研究所所长　王巍

推荐序

万古珠辉

前些年，古珠还不像现在这么热门，允华就已收了不少的藏品，且件件精美。

多年来浸淫于考古学的专业海洋，使得她有机会接触到科学考古出土的大量实物，训练出极其敏锐的眼光。

她的眼光太好了，以至于好几次发生这样的趣事：

我去她的工作室，满满一柜的各种老珠子看得人爱不释手。她随手拿一串珠子给我戴上。不到一年的功夫，这种珠子的价格涨了一两倍。

识货的人见到都说：老师你戴的这个很值钱呀！

我将这身价倍增的珠串送回允华那里，让它接受专业的养护，另外选一种比较便宜的珠子拿回来玩。

没想到，过了半年，这个品类的珠子价格也猛涨了。这样的事发生过好几次。

当然，允华收珠子，与普通藏家不一样，她的主要目的还是在研究。

珠子在她手里，并不是收而藏之，或是仅供赏玩，而是研究的对象。

为了研究，允华不惜将自己收藏的珍贵古代标本进行破坏性的实验：将千年的古珠剖开，观察打孔的工艺痕迹；剥掉老琉璃珠的表面纹饰，观察胎体……（当然，允华总是说要保护好古代文物，为了研究万不得已时才这样做）

她采访世界各地的古珠藏家和经营者，与欧洲、美国、阿富汗、巴基斯坦、伊朗等地的古珠商人直接沟通，与玉石专家和彩宝专家进行材质方面的探讨，向国内顶尖的考古学家请教最前沿的学术研究成果。

她并不盲从于学术界的权威结论，对每一个重要的知识点都亲自进行实践、考察，验证其真实性。

多年的积累，汇集成眼前这部书稿。

允华是一个治学极其严谨的人。写书也是如此。

作为一本面向大众的科普书，允华并没有采用坊间流行的选编国内外现有文献资料的方法，而是以写教科书的态度，一个字一个字自己动手写，将自己多年积累的经验与心得用简明扼要的方式写出，对古珠知识去伪存真，力求将“真知识”传达给读者。

关于珠子，流传着大量的“假知识”，包括一些闭门造车臆造出的辨伪标准，似是而非，误人不少。除了真伪鉴别，产地和年代的判断也是一大难题。

珠子年代的判断需要有考古学上的绝对证据。西亚、中亚和南亚地区是人类文明的发源地，是数千年来古珠的产地和集散地。但恰恰是这些地区，考古工作做得很不够，缺乏考古证据，因此珠子的断代和判定产地是很难的工作。许多资深买家和卖家也常常将产地和年代搞错，糊涂地卖，糊涂地买。

对于这个难题，允华曾说过一句话：看珠子如果只用珠子的知识，眼光就小了。一定要从一个更大的方面来看它。

允华是怎样“看”珠子的呢？她是将文物鉴定学、考古学（特别是新石器时期到汉唐时期的考古学）、材料和工艺研究学融为一炉，结合古代文献学、古代物质文化研究、工艺美术史乃至于古代思想史来进行研究。

从这样的一个高度和广度来看珠子，自然就比一般人要透彻得多。

从珠子的形制演变、纹饰演变、工艺演变……一直到包浆的变化，看得透彻，对产地、年代的判定就更加清楚。一些传统书籍所标注的珠子年代，是对是错，也就了然于心了。

读着这部书，除了感叹允华治学的诚意，知识点的密集也极大地满足了阅读者的求知欲，而赏心悦目的图片更是让我看得欲罢不能。

书中涵盖的珠子品类极为丰富，绝大多数图片都是允华亲自指导拍摄。图片中收录的珠子，很多是难得一见的珍品，是圈内的藏家重金购置，多年积累所得。据说，有些珠子价值不菲，一颗珠子上万是稀松平常的，有些珠子需要几十万，甚至百万、千万一颗。

我对价格并不关心，只觉得图片上的珠子，无论大小，都各有其美。放这本书在案头，闲来翻翻图片，就使人身心愉悦。

允华也说，珠子承载着人类历史，又极富艺术性，应更多地去了解和解读它，不必在意是否曾经拥有。

看着图片上的老珠子，仿佛看到它们所凝聚的历史和文化，遥想千年前的制作者所倾注的心血，历代的收藏者所寄托的情怀……这何尝不是一种精神上的拥有。

就像允华常对人说的：真要透彻地了解珠子，不应只是收与藏，更应该把玩、欣赏，体会珠子跟人的亲近感。

古人用一个很美的词形容时光之流逝：珠流璧转。

只有如珠如玉的好东西，才能经得起时间的考验，而长久流传。

愿允华这本心血之作，能在这珠流璧转的时代中，留下它美丽的辉光。

愚姐允斌

乙未年仲秋于北京

老珠子是市场上炙手可热的焦点。在古董圈内，有句玩笑话，“不戴串老珠子都不敢出门了”。图中的老珠子品种很丰富，包括不少现在市场上相当热门的品种。

目录 | Contents

第7章　万能首饰搭配：绿松石老珠子

第8章　“色相如天”的青金石老珠子

第9章 来自异域的老珠子

第10章 骠珠与邦提克珠

第11章 最便携的财富：贸易珠

第12章 中国有哪些玉石老珠子

第1章 老珠子的未来价格趋势

老珠子是古代的珠宝和艺术品，亦是不可再生的文物，老珠子的价格各有高低，但价值内涵却十分丰富，它包括历史价值、艺术价值、材料和工艺价值、宗教价值、科学价值、使用价值等。要透彻地了解老珠子的价值和价格，需要我们从历史、艺术、宗教等多方面对老珠子进行深入研究。

第一节 老珠子的价格

价格是个复杂话题。老珠子是古代的珠宝和艺术品。现代珠宝和艺术品的价格已经是一件说不清道不明的事了，何况古物。

老珠子是不可再生的文物。文物的价格和价值是两个不同的概念。就古珠来说，价值包括历史价值、艺术价值、材料和工艺价值、宗教价值、科学价值、使用价值。市场价格更多地由市场需求推动。价格与价值背离是常态。

相对于其他艺术品门类，古珠在国内是一个新兴的门类，前十年市场价格一路走高，古玩市场近几年持续低迷，老珠子却一枝独秀，依旧炙手可热，反映了市场需求的旺盛。究其原因，有两点：一是长期压抑的新兴门类的补涨；二是与老珠子的使用价值很有关系。

一般谈到文物，很少提及其使用价值，老珠子则不同，老珠子的使用价值对其价格影响很大。市场对老珠子的旺盛需求很大程度上来自于“玩”和“戴”的需要。过去人们刚刚富裕起来的时候，对黄金十分渴望，再后来是对钻石的渴望，进而是对玉石、彩宝、艺术品收藏，然后各种文玩珠串逐渐火热起来，可“玩”可“戴”可“藏”的老珠子一下子脱颖而出，受到市场的追捧，爱好者的数量仍在不断增加，这也是很多人仍然看好其后市的原因。

影视圈的明星对老珠子的热捧也是一个重要因素，并且他们介入得十分早，有的明星已经成了闻名的老珠子大藏家，佩戴老珠子成为时尚。

老南红珠串。图中包括南瓜形、球形、和橄榄形的珠子，是老南红中最主要的三种类型。

虽然主旋律是上涨，老珠子的市场价格波动也是比较剧烈的，不同品种涨幅差异巨大，涨幅与当下的热点息息相关。天珠、西玛、老南红、老蜜蜡、老绿松石都曾如板块轮动一般地上演过“疯狂的石头”，涨幅高达几十甚至百倍。

那么你可能会说，不谈过去，只问现在，当前的市场价格如何？这个问题依然很难回答。首先，必须了解影响老珠子价格的因素很多：年代、材质、形状、纹饰、尺寸、颜色、光泽、质地、工艺、品相、稀有程度、艺术性等等。

对翡翠稍有了解的人都知道“色差一等，价差十倍”和“种差一分，价差十倍”的说法。对老珠子来说也是类似。比如老绿松石、老蜜蜡、老珊瑚，常常是色差一等或品相差一等或尺寸差一等，价差十倍。又如高古玉珠、西周玛瑙珠、战国水晶珠等，形状、工艺、尺寸、颜色、光气、品相等都有可能对价格产生类似的影响。再如镶蚀类古

西周龟背形绿松石珠，这类龟背珠很少见。龟背珠很特别，仅流行于西周晚期至春秋时期。

珠，品种的价差极大，天珠、邦提克珠、骠珠、印度镶蚀玛瑙珠、镶蚀红玉髓等价格各有各的体系，在各自的体系中，稀有程度、品相、尺寸、形制、纹饰、工艺、色泽、光气又对价格产生影响。

举几个例子吧。（以下列出的都是当前真实的交易价格供读者参考）

老绿松石通常按颗计价。原矿无优化的绿松石价格近几年翻着翻的涨。老绿松石的价格比新的要高的多了。藏传的老绿松石，无铁线品相好的老瓷松桶珠，直径 1 厘米左右的一个珠子实价要一到两万左右，直径 1.5 厘米左右的则可达三万以上。品相很一般且形状不规则的老绿松石珠子有时低至一两千块一颗也能买到手。高古绿松石也十分受欢迎，价格也高，珠子体积一般都不大，配一串往往至少要几万、十几万以上。

老蜜蜡通常按克计价。价格与大小和形状的关系很大，普通品相的片状小老蜡（1-5 克）价格最低，大多不超过三百元一克，大饼子（15 克以上）则要一千多以上一克了。圆珠、桶珠、枣形珠的价格比片状和墩子状的还要高些。形状、质地或颜色特别好的老蜡价格还会再高一些。此外，藏蜡比国外老蜜蜡更高，好的极品大藏蜡可达几十万一个。

老珊瑚也是按克计价，不过珊瑚的价格范围太大，颜色、大小和质量对价格的影响最大。老么么珊瑚珠从最次的一百多元一克到几千元一克都有可能，阿卡老珠子从最普通的一千出头一克到顶级的一万多元一克都有。老珊瑚珠串几万到十几万稀松平常，大珠子几十万到极品几百万一串也正常。

珊瑚、蜜蜡、绿松石都还算是彩宝，还能用新珊瑚蜜蜡绿松石跟老的勉强对比做个价格参考，其他门类就完全没法参考了。

欧洲老蜜蜡。

玛瑙类古珠是个大项，然而也是价格最具戏剧性的。

藏系的古珠，天珠就不说了，几十万几百万一颗的价格早已跟大众绝缘。一线药师珠价格也很高，直径 2.0 左右的六万一颗还不好找。而稍小一些的圆形苏拉玛尼珠（多线药师珠）几千块一颗就可买到，比起藏系珠子显然要低得多了，配成一串几万到十几万也就够了。

缅甸的邦提克珠，最普通的西瓜珠，从最低千元到好几千元都有可能，主要看大小和品相。其他类型的邦提克珠价格比西瓜珠高，也多在数千元到数万元一颗不等。配成一串多在几万到几十万之间。

其他镶蚀类古珠（包括骠珠、印度镶蚀玛瑙珠、镶蚀红玉髓等）价格参差不齐。主要看外观、品相、年代和稀有程度对价格的影响很大。常见的品种价格多少还有些规律可循，稀有品种则完全依靠交易双方达成了。

天珠上的马蹄痕。辨识马蹄痕的确是鉴定老玛瑙类珠子的重要依据。但是鉴定老珠子绝不能只看这一点，一定要综合其他因素。

西亚玛瑙珠中的精品。

中原文化的古珠，如高古的玉珠和玉管、西周玛瑙珠、战国蜻蜓眼、战国水晶珠、数量并不多，精美的和品相好的是难得的藏品，很多时候是可遇而不可求的。

黄金有价，玉无价。天底下没有两块一模一样的玉，同样天底下也没有一模一样的老珠子。稀有或特别的珠子，其实根本没有标准，全凭卖家和买家的心理预期、经验以及对买卖达成的急切程度而定。

第二节 老珠子的未来价格趋势

前面说过，价格并不能反映价值，而且价格与价值时常背离。天珠若是不看其宗教价值，单纯从艺术、历史、科学价值来看，其价格与别的镶蚀古珠相比显然是天价，然而追捧天珠的人们仍认为天珠价格还会上涨，因为其资源不可再生、宗教价值不可估量、现代人压力大需要心灵寄托等等。

价格与人们的认识和心理预期有很大关系。反过来，由天珠带动的藏系珠子价格的高企让很多人发现了西亚珠子这个价值洼地，认为是被低估的领域。但也有人认为外国珠子在国内没有文化根基、缺乏宗教内涵，并不看好其后市。又有人认为藏系珠子和西亚珠子的价格其实都涨过头，有八千年玉文化为积淀的中原高古珠子才值得投资。

在资讯异常发达的今天，艺术品市场呈现一种有趣的现象，热点和流行趋于全国同步，一个品种的突然转热会受到全国性的追捧，大江南北需求突然猛增，价格便如坐火箭般急速上升。被冷落的品种则乏人问津，呈现冰火两重天的状况。

关注一些有潜力而相对冷门的品种，进行逢低吸纳，逢高出货是需要大智慧的。更多的人选择追涨，在市场中随波逐流。价值投资还是趋势投资，各种说法见仁见智，市场总是变幻莫测，需要你自己去判断和选择。

我觉得收藏珠子不可太执着于回报，刻意的追求投资回报往往事与愿违。收藏品没有能为持有者产生更多收入资金的能力，它的身价只是随着他人愿意付出的价格载浮载沉。

贪念于珠子的增值与否，会迷失了原本的目的。收藏珠子原本是一件修身养性、增添生活情趣、增长文化知识的美事。各人凭各自经济实力与喜好，选择负担得起、自己认为性价比合适的珠子就行了。

老珠子可以随心所欲地搭配，整串或单颗都可以玩、可以戴、可以藏、可以出手，因此丰俭随意，钱多钱少都能玩得不亦乐乎。在盘玩过程中老珠子还会发生变化，如同有灵性一般，玩着玩着就会对珠子产生感情而无论价格如何变化也舍不得出手了。

新的奢侈品，变旧以后成为二手货，价格不断贬值。老珠子却不会随时间流逝而折旧，反而随着年代的推移，其价值还会更高。

时常将珠串重新设计搭配，老珠子就可以常玩常新，乐趣无穷，一颗老珠子可以相伴终生，也相当符合节约的原则。玩珠子又是一件需要有耐心的事情，常常是这里买几颗，那里收几粒，逐步积累，好多东西可遇不可求，是随缘的事情。有时要配出满意的珠串来，要花上几年时间。慢慢的，珠子积累多了，搭配起来选择余地就大了，也更容易出效果。

老珠子是不可再生的资源，很多人收藏以后作为自己佩戴或传家之用，重新流入市场的总是变得越来越少。

很多时候，其实不必执念于是否拥有。古珠经历了漫长的岁月，我们都是它生命中的一个过客，所谓的曾经拥有，也不过是保管时间的长短罢了。若是深深的凝视过它，体会和欣赏过它的美好，将之印在脑海里，即便不曾拥有，亦已足矣。

第2章 老珠子的材质

它们是荒山之石，它们是苍松之泪，它们是深海之珍……它们历经亿万年的沧桑，先人倾注其心血与智慧，进行精雕细琢，它们被虔诚供奉、珍视佩戴、把玩摩挲，辗转无数人之手，见证了历史的荣衰，沉淀了浮华而更加深邃。珠子虽小，却是人类文化的浓缩，时间虽久，却更显其岁月之美。

高古镶蚀红玉髓珠项链。图中珠子源自中亚。镶蚀红玉髓是一类很有潜力的老珠子，在本书中有专门章节讲述。

第一节 美石为玉：玉、玛瑙、玉髓、水晶、青金石、绿松石等

早在三万年前的旧石器时代，我们的先人便用骨、贝壳、石头等材料制作成的珠子佩戴在身上当作饰品。进入新石器时代后，由于他们对高硬度石头的加工工艺日渐成熟，便自然开始利用石材来制作珠子了。

这时候的先民们显然对石头和天然矿物质有了进一步的了解，所以他们会将一些珍贵稀有的石头与日常实用工具型的普通石材区别开来，用那些美丽的石头——玉石和矿物质（包括宝石、半宝石）制成珠子来装饰自己。不光外表好看，还特别耐磨耐用，甚至可以作为传家宝代代相传。

古代制作珠子的石材及矿物质材料〔西方人对玉石及矿物质的称

高古玛瑙及玉髓珠，源自中亚及西亚地区，有着各种精致的形状，尺寸都不大，最长的也不超过三厘米。

图中为新石器时期的石材珠子，包括玛瑙、玉髓、绿松石、青金石等，是工艺原始的早期珠子。

高古缠丝玛瑙扁管及红玉髓吊坠。源自中亚，吊坠上还有一道道凸起的弦纹。如此精湛的工艺，可以想见古人制作这些珠子的时候一定抱着非常虔诚的态度。玛瑙的硬度比玉更高，难以加工，更何况古人只能用原始的工具和材料来慢工细活地制作。

谓跟中国人不太一样，他们一般把同种矿物元素或化合物的结晶态物质不称为玉石，而叫作矿物质（mineral）。大多数宝石及半宝石都归入矿物质范畴〕主要包括：玛瑙、玉髓、水晶、青金石、绿松石、天河石、蛇纹石玉、透闪石玉（即和田玉）、叶腊石、石榴石、翡翠、碧玺等。除翡翠和碧玺外，每一种材料被加工利用的历史至少有两三千年以上，有些甚至可以追溯到六千到一万年以前。

延伸阅读

玛瑙、玉髓和水晶的区别

玛瑙、玉髓、水晶都是石英质地，主要成分都是二氧化硅。当石英完美结晶的时候，就是水晶。如果是隐晶质，也就是细小的、精密的状态，即为玉髓。当玉髓中有条带状的结构的时候，我们把它称为玛瑙。

也许你会注意到，在市场上，玉髓这个名称用的相对较少，很多时候人们不分那么清楚，将二者统称为玛瑙。

高古水晶珠，源自中亚，形制规整，抛光精致，显得光气十足，确是难得的精品。

第二节 物以稀为贵：珊瑚、琥珀、象牙、沉香、核雕等

古代制作珠子的有机类物质材料主要包括：贝壳、象牙、煤精、珊瑚、珍珠、琥珀、鸟兽或人骨、植物及种子（菩提、沉香、椰壳等）、玳瑁等。象牙、煤精、珊瑚、珍珠、琥珀等属于有机宝石，按美石为玉的标准，也可以归入广义玉石。

清代的珍珠项链，颗粒大而均匀，殊为难得。过去珍珠非常珍贵，尤其是东北出产的东珠，是皇家专属，皇帝和后妃用以表示身份和彰显皇家的尊贵。

物以稀为贵，象牙、珊瑚、琥珀，无论新老都是如今备受追捧的材质，价格也一路高涨。其他有机类材质，如沉香、菩提等制作的佛珠和手串也是广受追捧。

由于有机类材质的耐久性通常比较差，所以虽然人类对象牙和其他动物的牙齿、骨头的利用开始得很早，但目前市场上几乎看不到用它们制作的古老珠子，我们能够接触到的，年代较为久远的珠子基本上只有用贝壳、煤精和琥珀制作而成的了。

实际上，现在市场上能看到的老珊瑚、老珍珠等，年代多在几十年，一般不超过二三百年。

清代的核雕珠子，经过长久的岁月，核雕颜色会变深、变沉稳而显得富有内涵。把玩和佩戴能加速核雕的这种颜色变化，还能盘出最为文玩爱好者称道的红润包浆，漂亮的包浆能让核雕珠子的市场价值大大提升。近些年风行大江南北的文玩风潮里，核雕、菩提和木珠是主力品种，不过市场上贩卖的这类手串或佛珠基本是新文玩，算不得老珠子。

延伸阅读

最早制作珠子的材料——有机类物质

有机类物质是动物或植物经由地质作用形成的有机物质或有机矿物，是最早用来制作珠子的材料，早在几万年前，聪明的古人就懂得利用捡拾得到的贝壳和狩猎得到的鸟兽骨头等来制作珠子。直到今天，人们仍然用贝壳制作珠子随身佩戴，佛教七宝之一的砗磲就是一种珍贵的深海贝类动物的外壳。

另外，用植物类制作而成的老珠子，现在还能看到的早期的也就是清代的核雕和沉香了。其他如菩提子的时代就更短了，因此菩提一类的珠子，坊间更多是作为新文玩，通过个人自己佩戴和盘玩去感受菩提由新到旧的色泽和包浆变化。

清代核雕十八子。十八子，又称作手串、念珠，其样式是清代朝珠的简化版，除十八颗珠子外还有佛头、佛头塔、背云和坠角。

第三节 精致典范：古老的金珠、银珠

就市场上还能见到的金属老珠子来说，古老的金珠（罗马、希腊、波斯、我国汉唐之际等）价格昂贵，非常值得收藏。

古意大利伊特拉斯坎人的掐丝金耳钉，制作于公元前5世纪，大英博物馆藏。这枚耳钉的工艺精细得令人赞叹，表面布满由细金丝、金片和金粒组成的纹样。历经两千五百年仍然美丽如初。

产自埃塞俄比亚的老银珠子，有种在粗犷中带着精致的艺术美感。

银比黄金更活跃，但几千年前的黄金制品到今天依旧金光灿烂，而银制品的品相却逊色很多。尽管如此，高古的银珠也还是相当珍贵的。

现在，市场上见到的更多是清代或国外近百年的银珠子。国外和少数民族地区制作精致有艺术美感的近代银珠也值得收藏。

铜珠和铝珠（主要是国外产品），因为材质太过普通，除了特别的品种，收藏意义不大。

金色是百搭的颜色，几乎可以和任何材质、颜色的老珠子相配，是设计制作老珠首饰不可多得的珍品。看图中的古老金珠，其精湛的手工工艺如今很难模仿到位。

来自日本的老珠子，年代在明治维新以后到上世纪初，大约相当于我国晚清时期。

一賛堂
乘意

图中是古老黄金珠、玛瑙管、珠以及罗马琉璃珠串成的项链。其中，金珠使用的是掐丝和焊缀金珠的工艺，制作很精细，大约为罗马和萨珊时期的制品。而这种工艺在中国的东汉时期也很流行。

延伸阅读

高古黄金珠不论出处，皆为珍品

人们最早能够接触到的金属是自然界天然存在的金属，包括金、银、铜以及从天上掉落人间的陨铁。古埃及人很早便掌握了黄金的冶炼技术，黄金延展性好又很容易加工，自然被大量用来制作珠子。

高古黄金珠子，无论哪里制作的，都是珍贵的藏品。

古地中海地区的黄金工艺极为发达。古埃及图坦卡蒙王陵（公元前1352年埃及新王国时代）出土的黄金随葬品更是让人震撼。

在古代美洲，也就是今天的秘鲁境内也发现了公元前5000年左右的黄金制品，玛雅文化和印加文化中的黄金文化也非常发达。美索不达米亚至少在公元前3650年便已有了银器，然而其后的发展却相当缓慢，直到公元3世纪到7世纪的波斯萨珊王朝才发达起来。

中国最晚商代也出现了黄金制品，经过缓慢的发展，到两汉逐步成熟，唐代时受萨珊王朝影响，由此进入了高度发达的金银器鼎盛时期。但历史上中国人却并不怎么用金银制作珠子，包括铜。现在大多数老金珠或老银珠多为国外或边远地带的产品。

另外，云南境内的古滇国人也展现出了对黄金珠子的热爱，很多黄金、玛瑙等材质的珠子都出土自那里。文献中对于古滇国的记录很少，最早见于《史记·西南夷列传》。至于古滇国人究竟为什么如此热爱珠子，就不得而知了。

唐代海螺型金珠，采用的是锤鍱錾刻工艺。另外，唐代佛教十分兴盛，从这精美的海螺金珠似可窥见一斑。

第四节 玩老琉璃珠就是在学整个人类史

老琉璃珠是一个很重要的门类。市面上可以见到的老琉璃珠年代从几十年到几千年都有，从古罗马到近代的威尼斯和波西米亚，从高古到近代，从欧洲到非洲，从西亚到东南亚，数量庞大，品种繁多，是一个巨大的宝库，藏家也遍及全球。当然，新仿也很多，而且国内外都在仿。

收藏老琉璃珠要尽量选择年份好、纹饰精美的珠子，成串的收藏

战国蜻蜓眼琉璃珠。

战国琉璃耳瑱与汉代琉璃耳珰，图中长的三颗是耳瑱，短的是耳铛。

长篇叙事诗《孔雀东南飞》中有“足下蹑丝履，头上玳瑁光。腰若流纨素，耳著明月珰”的名句。遥想汉代女子带着精美的头饰与耳饰，顾盼生姿，是何等风情。

更好。高古玻璃珠在国际市场上的价格很高，而国内对这类珠子的价值认知度不高，因此精品玻璃珠进入国内市场不多。要特别注意的是新仿的罗马和地中海类型的玻璃珠在古玩市场很多，从包浆和制作工艺上可以区分。仿品价格与真品天差地别，属于地摊的廉价货品。

玩老琉璃珠子就是在学习整个人类史，这个说法并不太夸张。老琉璃珠子集艺术、文化、历史价值于一身，而且价格上丰俭随意，是资金不多却又喜爱老珠子的朋友们可以重点关注的对象。限于篇幅，本书没有系统性地介绍老琉璃珠。老琉璃珠本身就是一个庞大的课题，今后另外著述。

串珠是一项专门的艺术，自己动手设计和制作串珠其乐无穷。想展现自己的艺术眼光和手艺，千种色彩、万般变化的琉璃珠再适合不过了。串珠也不难，只要掌握一些最基本的编结技巧便可以轻松搞定。真正的难点在于搭配，一般来说，珠子的排列最好有一定规律，不要杂乱无章，色彩要注意对比和平衡，不要过于花哨或过于平淡，要善于运用各种尺寸的隔珠，将珠子串得错落有致才更富艺术美感。要搭配出理想的效果，需要耐心的进行各种排列组合，很多时候是串了拆、拆了串好多次后才找到感觉。也可以将珠子放在凹槽内进行排列组合，待满意之后再动手制作。

罗马帝国时期的琉璃珠。

延伸阅读

关于琉璃

在过去的四五千年间，世界各地的人们制作了数量极其庞大的玻璃珠子，而且进行了大规模的海上和陆上贸易，品类非常丰富，品相也十分漂亮。

琉璃就是玻璃。玻璃的出现很早，两河流域地区的人最早制作出真正的玻璃。最早的玻璃珠子可以追溯到大约公元前2500年左右。到公元前1500年以前，技术变得成熟起来。

两河流域的玻璃技术影响了古埃及。古埃及在世界玻璃史上占据了极为重要的席位。埃及王墓里面，出土了很多费昂斯（釉砂和玻砂——玻璃的前身，费昂斯是其英文faience的音译）珠子，这些珠子被串成饰品，戴在墓主人的身上。

到了公元前10世纪左右，古希腊和古罗马的玻璃制造技术也比较发达了。欧洲的高古玻璃珠十分精彩，是不容错过的藏品。

中国直到西周时期，才有了费昂斯珠子，玻璃珠是在春秋末年到战国的时候才真正出现，比世界最早出现的玻璃晚了一千多年。但是中国的玻璃珠，出现后便迅速达到一个高峰期，诞生了极为精美和复杂的蜻蜓眼玻璃珠。

不同时期的老琉璃珠（以伊斯兰时期为主）。

第3章

『老东西自己会说话』：如何鉴定古珠

老珠子是我们沉默的朋友，它们不会主动开口，却渴望被人了解，与人交流。若你能怜惜岁月在它们身上留下的斑驳印记，欣赏它们身上每一处花纹、色彩的独特之美，你便能感受到它们的深厚内涵和底蕴，了解它们辉煌或坎坷的过去，真正领略它们的魅力与价值。

第一节 未知真，焉知假

如何鉴定老珠子？套用一句古玩界常用的话：老东西自己会说话。

老珠子带着岁月的印记、工艺的痕迹、自身的时代风格，就像一张名片一样默默地在表明自己的身份，别看小小一粒珠子，它上面承载的信息量却十分丰富，就看你能不能读懂它的语言。

怎么读懂它呢？真正要读懂老珠子需要知识和经验的积累，掌握有效的解读方法是学习的一个捷径。

很多人一开始就学习辨识老珠子，在市场上和网络上如饥似渴地吸取辨识真假的知识，迷失在各种所谓看灰皮、孔道、风化痕迹、沁色、光气等似是而非的所谓诀窍里不能自拔，结果越陷越深，走入误区而不自知。

学习老珠子的第一步不是辨别真伪，而是先学习基础知识。在积累基础知识的过程中会逐步认识大量的真东西，然后才能自然而然对假东西有感觉。正所谓，未知真，焉知假？

第二节 如何鉴定老珠子

老珠子与瓷器、玉器等文玩艺术品的鉴定方法有相同之处，有鉴定经验的人可以触类旁通。首先不要先关注细节，要用宏观的眼光先去看珠子，感觉对，再进一步通过微观地观察各项细节来确认新老。

1. 宏观看什么：包浆、时代特征

（1）包浆

包浆是古玩行业的术语，是指岁月给老物件留下的身份印记。常常有人问“到底什么是包浆”。在市场上，“包浆”这个词出现的频率非常高，足以见其重要性。但是对于新手来说，包浆似乎只可意会不可言传，总是难以理解。其实包浆并不神秘，就是岁月的印记。千万不要顾名思义地以为包浆一定要有一层包在器物上的“浆”。它是指一件器物经过岁月的磨砺，在风化、淋滤或各种其他因素（比如使用过程中留下的摩擦痕迹）的影响下综合形成的一种表面形态。

举个例子，一个老人和一个年轻人，你一眼便可看出年龄的巨大区别。道理何在？老人脸上的皱纹，皮肤的松弛，肤色的黯淡甚至老人斑等无一不彰显着岁月的印记。

再举个例子，你买了一串心仪的橄榄核雕十八子手串，长期戴在腕间或拿在手中盘玩，一段时间下来，核雕珠子就会变得很光润，两三年后颜色逐渐变深、变红，经过更长时间后变为深红且晶莹起来，

黑色镶蚀玛瑙珠子的包浆，一望便能感知自然的老旧感觉。

环境对包浆的影响。图中是一颗源自中亚的镶蚀玛瑙珠。珠子断掉后一半被埋入地下，另一面也许还曾长久留在地表经过风吹日晒后再被埋入地下，色泽因而变浅。

这就是包浆的变化。岁月带给珠子的印记可以如此惹人喜爱，我们爱老珠子，很大程度上就是因为爱上这透着时间之美的包浆。

任何材质都会产生包浆，玉、玛瑙、绿松石、青金石、玻璃、琥珀蜜蜡、珊瑚、象牙、金属等无一例外，但是由于埋藏或保存条件、使用和盘玩过程等因素的影响，包浆的表现各有不同。

你可能会问，以上的例子很好理解，但珠子材质丰富，包浆的表现肯定是不同的，就算能凭感觉辨认老不老，但是还有个真伪问题，怎么分辨呢？

这是一个熟能生巧的过程，首先要见过真正的老珠子是什么样，总的来说，老珠子的包浆给人以油润厚重的感觉，有一种“宝光”而非新珠子的“贼光”。

看包浆就是要看是否自然，是否符合正常规律。比如玛瑙珠子和玉石珠子，做旧的人为了让珠子看上去有“老气”，常用强酸、强碱等进行强行腐蚀，宣称什么灰皮沁色，实际这种人为的包浆看上去很不自然，很不舒服，与真实的老珠

已经完全呈“鸡骨白”沁色的高古地方玉珠。

子有很大差距，有经验的人一望便知。

古董圈内的人都知道，包浆是造假者最难攻克的环节。老物件经过数百、数千年的埋藏或传承，留下的包浆是造假者难以在短时间里

高古珠子常与青铜器或钱币埋藏在一起，天长日久绿色铜锈沁入石头中。

老绿松石的包浆。

模仿到位的。一般来说，伪造的包浆多浮于表面，颜色过于均一而缺乏变化，且过渡衔接之处过于生硬而不自然，无论造假者多么高明，仔细审视总能找出破绽。

镶蚀红玉髓珠子的包浆。这颗珠子表面还可以看到明显的红色的点（坊间称作“朱砂点”），只有少部分老珠子带有这种朱砂点，不能将它作为判断真伪的唯一标准。朱砂点的特征是内外都有（仿造者只能仿在表面，无法深入内部）。

（2）时代特征

什么是时代特征？时代特征就是老珠子身上彰显着自己年代的信息，是断代的最重要依据。

看时代特征就是看珠子的材质、形制、纹饰、工艺等是否与当时的时代特征吻合，吻合才可以判断是那个时代的产物。

史前时期的珠子，总会带着石器时代的特征，从形制到工艺都带着早期的稚拙。

时代特征不是笼统不分地域的，时代特征还要放到地域前提之下。同样是史前时期的珠子，不同地域、不同文化的珠子有着不同的形制、工艺和装饰艺术。形制和纹饰所携带的时代特征非常重要，看形制和纹饰就可以基本判断珠子的地域及年代。而地域和时代特征是要靠大量知识和看大量实物积累而得，充分了解和熟悉后就会自然地感觉到老珠子身上带着的时代印记，或者我们可以称之为“时代气息”。有了能感知时代气息的能力，判断年代和产地就相对容易了。

很多人一开始就走入市场，认为在市场上摸爬滚打，日子久了就能练就一身好本领。其实这个办法不是很有效，在头脑中还没有建立起标准的时候，就看真假参半的东西，再加上各种渠道铺天盖地难以分辨真伪的知识，很容易让人走入误区而不自知。

老珠子门类庞杂而多样，遇到没有见过的珠子时，要善于查阅资料。要尽可能地寻找可靠的、没有争议的资料，比如有明确出土地点，正规考古发掘出土的器物，博物馆里经过考证的藏品，可信的学术著作等。

2. 微观看什么：工艺痕迹、风化痕迹、使用痕迹

（1）工艺痕迹

老珠子乍一看就给人一种年代感，这种年代感来自于两个方面：

高古珠子多采用双面对钻孔，在中间形成台痕。左图为海蓝宝石珠子，少见，右图为战国紫水晶。

老珠子的孔道特征。从工艺痕迹看珠子的新老，孔道极为关键。

一是老珠子不可能如机器制作的那样规整和千篇一律，老珠子一定会自然地透着一股手工制作的拙劲，形状不完美，孔道不垂直且可能两端大小不一；二是老珠子的包浆给人以厚重的岁月感。

乍一看觉得很顺眼，感觉有年头的珠子，还要进一步仔细查看工艺痕迹，以确定它的身份，看工艺痕迹是辨伪的重要依据。

工艺痕迹要从三个方面来看：打孔方式以及孔道内壁痕迹，表面痕迹（开料或制作痕迹以及表面抛光留下的工艺痕迹），纹饰的制作工艺。

但是，要提醒大家的是，市面上出现了关于孔道的种种说法，要注意避免受误导。比如老南红珠子，年代大多不算太久，几百年的珠子不应该出现早期的不成熟打孔工艺，但网上却有很多帖子误导说清代老南红珠子也要看喇叭孔、研磨口，这是十分低级可笑的说法，是商家在误导玩家。

商周的玛瑙珠子，爱做成腹部略微比两端大一点的短圆柱形，可

西周绿松石琮形珠的孔道。

高古琉璃的风化痕迹。

以想见，这是受生产力和技术的限制（要把珠子琢磨成球形，要先做成方形，再倒角慢慢逼近球形，十分费工）。但是到了汉代工艺就已经进步到可以做出正圆形珠子了。

珠子的抛光方法也需要注意。就高古玛瑙珠来说，早期抛光材料颗粒不匀，抛光出来的效果比较差。到了西周玛瑙珠抛光变得精良，光气十足，非常诱人，这也是西周玛瑙珠广受追捧的一个重要原因。

看懂工艺痕迹的难度较大，需要掌握不同产地、不同朝代的工艺特征。玩家选取自己感兴趣的门类进行深入了解便可。

（2）风化痕迹

珠子长期在使用或埋藏过程中受风化或淋滤作用影响，会多多少

高古板珠的风化痕迹。

高古天河石的风化痕迹。

少留下可以寻觅的痕迹。

从地质学的角度来说，风化作用包括：物理风化、化学风化以及生物风化，风化是上述三种作用的统称。如削过皮的苹果，放置一会儿会氧化变深，氧化就属于化学风化。珠子当然不会这么容易出现风化痕迹，但是时间长了也会缓慢发生变化。

不同材质的老珠子的风化痕迹：

老玛瑙，表面有时会产生C形痕迹，市场上又称作马蹄痕或风化痕。

老玉器，表面缓慢受沁，沁色多样，有时表面还会产生蚀孔。

老琉璃，光泽逐渐减退，表面受侵蚀，逐渐变得不那么透明，颜色变得暗淡，有的表面还会产生七彩蛤蜊光。

苏拉玛尼珠的风化痕迹。

老南红的风化与使用痕迹。

色泽发黄开裂的老象牙佛珠。

色泽深而光润的清代老核雕珠子。

因风化而失去光泽的老珊瑚。

老蜜蜡的橘皮纹状包浆。

金沙出土的高古绿松石串（绿松石失水色发白）。

老琥珀，颜色逐渐变深红，产生橘皮纹。

老蜜蜡，颜色逐渐变深黄到橘黄，产生冰裂纹。

老珊瑚，表面逐渐失去光泽，颜色减退。

老象牙，颜色逐渐变黄到深黄，慢慢产生裂痕。

老绿松石，脱水颜色变白。

老菩提、老核雕，颜色逐渐变红、变深，质地变得光润甚至半透明。

一般来说，风化痕迹是鉴定的辅助依据，不作为主要依据。风化痕迹也是造假者模仿的对象，鉴定时要仔细观察是否符合自然规律，比如外部和内部的过渡衔接是否自然，表面与孔道内是否风化痕迹一致。

（3）使用痕迹

老珠子在长久的使用过程中有些磕碰、损伤或其他使用痕迹是再正常不过的事了。

做旧的人也仿造使用痕迹，仔细观察能发现老伤和新伤有着明显区别。老伤的伤痕处也产生了包浆和风化，与外部一致，老伤的边缘不锋利，老伤分布在容易磕碰受损的部位等。仿冒的人也很聪明，总会想办法遮盖新伤痕迹，但总会露出马脚。

老珠子的孔道也是一个重要观察目标。长期穿绳佩戴，会将孔道抛得光亮。材质软的如蜜蜡，还会把孔道磨损得变形，产生钥匙孔、喇叭口等磨损痕迹。

老珠子并不都有使用痕迹，有的老珠子做好以后并没有佩戴过就直接埋藏到地下，不会有使用痕迹。

需要说明的是，使用痕迹也是鉴定的辅助依据，不作为主要依据。

带有七彩蛤蜊光包浆的高古玻璃。这样的皮壳是经过漫长岁月形成的一种沁色，是鉴定古玻璃的依据之一。

西周时期玉珠，可以看到珠子的倒角和打孔工艺以及玉上的沁色。

延伸阅读

珠子的打孔工艺

学会看珠子的打孔工艺非常重要，因为孔道包含着太多信息。以高古玛瑙珠为例，玛瑙很硬，难以加工，要打孔谈何容易，只靠一把蛮力是不行的，得有方法。

古人在最早的时候给玛瑙打孔，要先定位，用砍砸的办法打个凹坑，然后再钻孔，钻孔由两端分别往中间钻，在中间交接处形成一个明显的台痕。早期的钻孔呈大喇叭孔状态，孔壁很粗糙（商代红玛瑙珠就是大喇叭磨孔）。随着钻孔技术的进步，孔壁变直了，喇叭不明显了，孔壁不再粗糙（西周玛瑙珠孔道就漂亮得多了）。之后到了汉代，人们就能够做出正圆的珠子和精致的孔道了。

第三节　一些常见的误区

1. 千年以上的玛瑙珠子才会有马蹄痕吗

古代的玛瑙表面常产生一种C形痕迹（半圆环形），有人称之为“马蹄痕”，也有人称作“风化痕”“月亮痕”。这种马蹄痕由内生出，因此开口内大外小，通过放大镜可以分辨，仔细观察可以发现痕迹分布自然，放大二十倍观察可以看到沟底的包浆与外部一致。

古珠圈内流行的说法是千年以上的玛瑙珠子才能产生这样的马蹄痕，但没有确切证据表明这种说法是正确的。能观察到的事实是，年代比较久远的珠子会有这样的痕迹，但是并不是年代久远的珠子就一定会有马蹄痕，也不排除年代比较近的珠子就没有这样的痕迹。

马蹄痕究竟是不是风化产生？有人做过实验，发现碰撞也能产生

新仿天珠的伪造马蹄痕。伪造的马蹄痕多为敲击而成，显得很刻意，侧边的打孔痕迹也非常不自然。

老天珠、药师珠上的马蹄痕。辨识马蹄痕的确是鉴定老玛瑙类珠子的重要依据。但是鉴定老珠子绝不能只看这一点，一定要综合其他因素。一般来说佩戴和使用得越多的珠子马蹄痕越明显，这就不难理解为什么藏系珠子的马蹄痕显得特别多。

带灰皮的高古西亚红玛瑙珠。可能是埋藏环境的水土的关系，中原高古玛瑙珠极少有灰皮现象，西亚古珠常有带灰皮的情况，灰皮有轻有重，一般盘完后灰皮都会减轻。

马蹄痕，便据此认为马蹄痕主要是碰撞形成，又有人认为马蹄痕是火烧过以后才形成。天然的玛瑙原石上也可以找到这类痕迹。这是因为马蹄痕的形成原因可能有多种，这跟材料结构有关，这类石英质材料在受到外力作用或在环境因素影响下就容易产生半环形的痕迹，因此不能作为鉴定的绝对依据。

造假者最爱仿造马蹄痕，仿品上往往还密密麻麻地布满痕迹，显得特别做作。仿造马蹄痕基本都是碰撞敲击形成，市场上把这种布满马蹄痕的仿冒老玛瑙珠子称作“高仿”。其实高古玛瑙并不是都有马蹄痕，即便有也不是仿品那样刻意密集分布。

除了仿冒马蹄痕，造假的人还用喷沙的方式做旧，市场上充斥着各种做旧的玛瑙珠子，有的密布坑坑洼洼，一看就是人为造成的，属于低仿品。

2. 老玛瑙究竟有没有灰皮

曾听说过一种很可笑的说法，说玛瑙 300 年出灰皮、800 年出风化纹。不太理解为什么会出现这种说法，想来是某些人出于某种目的而故意散布的伪知识吧。

实际上，玛瑙是隐晶质结构，不容易被腐蚀。玉是纤维交织状结构，虽然紧密牢固，分子间缝隙依然可以缓慢渗透进去其他物质，因此玉比较容易受沁。人们常说“好玉不受沁”，指特别致密细腻的玉其实也不容易受沁，出土的高古玉器就有完全不受沁的。

国内出土的高古玛瑙珠子中极少有受沁成灰皮的，国外的高古玛瑙中带灰皮的也只占少数。可见，灰皮不能作为判断玛瑙年代的标准，也不能作为辨伪依据。

那么国内市场上大量的所谓灰皮老玛瑙是从何而来，甚至还有

即便西亚高古红玛瑙珠中带灰皮的比例也并不高。

“清代灰皮玛瑙”。那么多高古玛瑙尚且没有灰皮，清代玛瑙珠子又如何产生灰皮的呢，而且颗颗灰皮、受沁面积还不小，答案不言而喻。

3. 文物新老能依靠鉴定证书吗

关于文物新老的鉴定，目前没有已颁布的国家标准，没有对民间开放的鉴定机构。有人宣称能够开具文物新老鉴定证书，显然这些“证书”都不是法定的，不受国家认证的，没有什么效力。鉴定老珠子，玩家只能靠自己学习来提高眼力。

新老是没法依靠鉴定证书的，不过材质的鉴定是可以借助权威鉴定机构的。一般的玛瑙、水晶、玻璃等材质没有必要送检。需要鉴定机构检测的也就是珊瑚、琥珀蜜蜡、绿松石、青金石、和田玉、翡翠等材质的真伪，自己实在不能确定的话，送到鉴定机构出张证书就行了。

4. 如何判定鉴定机构是否权威

看鉴定机构是不是权威，可以看证书上面有没有以下几个标记：

CMA（China Metrology Accreditation）——中国计量认证标志，是国家对检测机构的法律性强制考核，是政府权威部门对检测机构进行规定类型检测所给予的正式承认。这是国家对检验机构的基本要求，检测机构必须获得CMA资质，否则构成违法。证书具有法律效力。

CAL（China Accredited Laboratory）——是质量技术监督部门依法设置或依法授权的检验机构的专用标志。审查认可是国家实施的一项针对承担监督检验、仲裁检验任务的一项行政审批制度。审查认可机构除承担社会的检测业务之外，还承担着政府的监督抽查职能。证书具有法律效力。

CNAS（China National Accreditation Service for Conformity Assessment）——中国合格评定国家认可委员会是在原中国认证机构国家认可委员会（CNAB）和原中国实验室国家认可委员会（CNAL）的基础上整合而成，与多个国家和地区签署了相互承认协议。证书国际互认，但不具有法律效力。

总结来说，鉴定机构最起码要具备CMA资质，以上三个认证都有的鉴定机构能力和水平最高，证书也最权威。

第4章 最神秘、身价最高的老珠子：天珠

天珠是从天而降的圣物，是佛之瑰宝，是藏人信仰之寄托。无人知其来历，只在高原上流传着它们种种美丽的传说，它们是胜者的战利品，有缘者的天赐；它们承载了最精致繁杂的工艺，也寄予了最美好的祝福；它们极其稀有，可遇而不可求。

第一节 用珠子换房子，说的就是天珠

在每一个珠子爱好者心中，都会有一些梦寐以求的极品，西藏天珠就是其中之一。不仅是藏区和古玩市场，国内各大旅游景点也都可

在北京翰海拍卖有限公司2012春拍推出的“慧眼－天珠”专场中，这颗十二眼天珠拍出了人民币1840万的“天价”。

在北京保利国际拍卖有限公司2013年的秋拍中，图中的六眼金刚杵形天珠及双线六眼天珠共拍出了494.5万的价格。

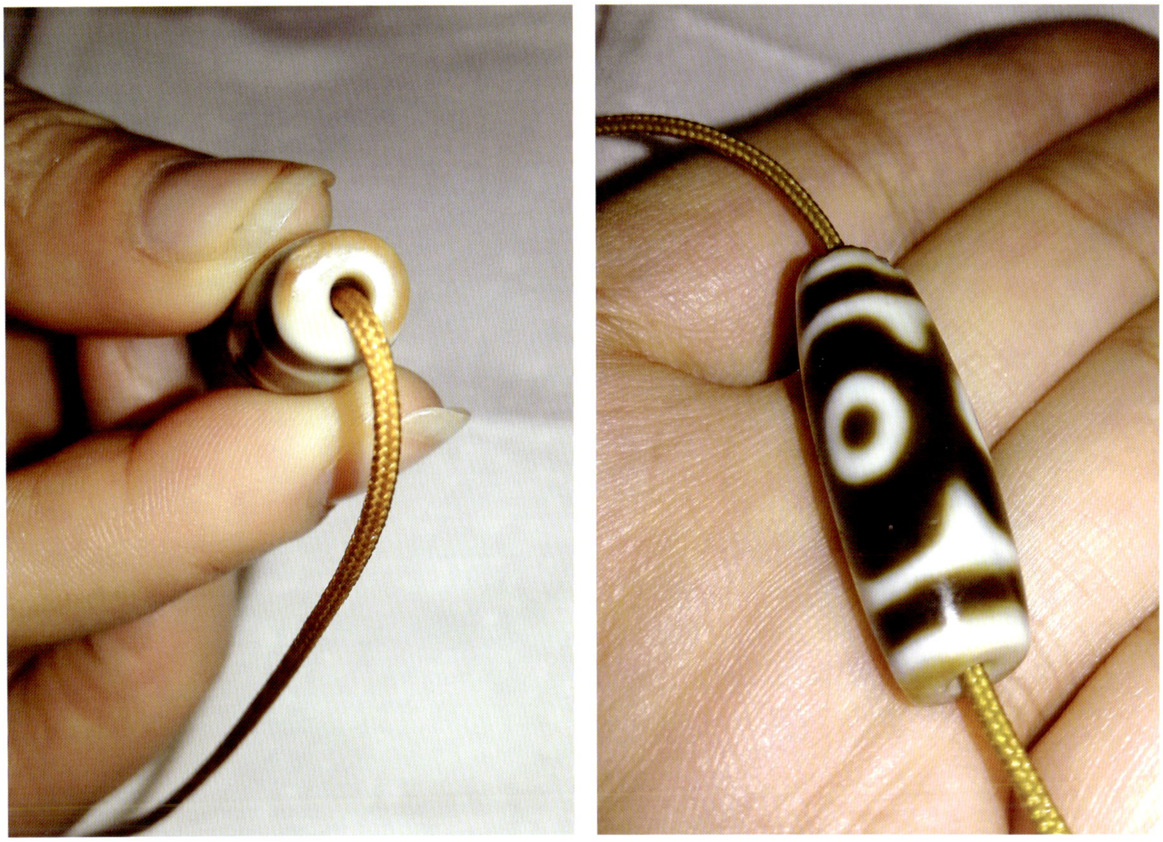

图中这一粒高仿天珠尤其逼真，珠子的包浆在收藏者自己佩戴了六年之后显得更是自然。曾有人坚持认为此货是真品，欲出二十万请货主惠让，货主是个实在人，婉拒了这个“机会”。

以看到“天珠”的踪影，人人都或多或少听说过天珠的神奇传说，很多人都“请”过或近距离接触过天珠的仿制品。

古老的天珠究竟存不存在？答案是肯定的。但是市场上极难找到真品天珠，而且真品的价格一定很贵。可以说，天珠是世界上最昂贵的珠子，用珠子换房子，说的就是天珠。

天珠很早便有了较高水平的仿品，我建议，不要抱着捡漏的心态买天珠，一般路边店里或旅游市场贩卖的各种所谓的天珠几乎全是假的，即便是精品店里要价不菲的天珠也大多是仿品。

这是一串由一颗长形六眼天珠与三颗长形四眼天珠组成的项饰。天珠纹路清晰，品相好，且成串难得，价值不菲。所谓用珠子换房子，说的就是这一类天珠藏品。

第二节 天珠是一种拥有超能力的珍贵圣物

在藏人的心目中，天珠是从天而降的神圣之物，具有神奇的力量，是一种拥有超能力的珍贵圣物。在藏区，最好的天珠多用以供佛，镶

双眼天珠。这颗天珠的一段有部分磨损，看上去似被削去一角。藏人认为，天珠也是一种珍贵的药物，常以天珠入药，许多天珠上都有削角或挖坑。藏人还以天珠做画笔画唐卡，日久也会产生类似的磨损。

嵌在佛像之上。天珠神圣、崇高、神秘，在藏区代代相传，宗教和文化内涵异常丰富。收藏者将天珠“请”回家后，还会诚心地收藏供养。

天珠的发现地点主要在我国的西藏以及尼泊尔、不丹、锡金、拉达克等地，上述地点全部分布在喜马拉雅两麓。但发现地主要在喜马拉雅藏区并不代表天珠就一定是藏人制作的，所以天珠究竟是谁制作的至今仍是一个谜。

藏人的天珠多半是在劳动时在地表捡拾而得，又或是过去在某些古老的墓葬或遗址中发现的，由于不知道其来历，因而产生了种种美丽的传说。其中有一种广为流传的说法：天珠是一种虫，有缘看到时要立即将沙子撒到虫身上，虫就会被固化成为天珠；若是动作慢的话，虫就会消失不见。

从产生年代看，天珠究竟是何时产生的也是一个谜。对于天珠的产生年代，民间众说纷纭。

延伸阅读

天珠从何而来

那么，天珠究竟从何而来呢？

根据藏人的传说推测，天珠很可能是舶来品。比如在藏族著名史诗《格萨尔王》中，提到格萨尔王打败阿扎玛瑙国后，得到了大量的天珠。

藏人将天珠称为“dzi”。学术界根据唐代文献中有关西藏“瑟瑟珠”的记载，认为瑟是“dzi”的对音，瑟瑟珠就是天珠，因此认为天珠大约是相当于唐代时期的产物，大约有1300年左右历史。这可以看作天珠年代的下限，也许天珠的年代还可以上推。

人们一直盼望考古工作能够发现和确定天珠的年代与制作中心。然而由于藏区及其周边其他国家没有天珠的考古实证，无法理清天珠的来龙去脉。

最近的一个好消息是，2014年下半年，中国社科院考古研究所与西藏自治区文物保护研究所在阿里象泉河上游地区联合开展考古发掘工作时，在曲踏墓地的一个墓葬中发现了精美的镶蚀玛瑙珠（天珠）。

曲踏墓地位于阿里地区札达县西郊的象泉河南岸，根据已知的材料，考古人员认为曲踏墓地属于古象雄国，墓葬的年代大约在1800年前，象泉河上游地区是古象雄国的核心地带。

这是青藏高原上第一次有这类珠子的科学考古出土，希望能够为天珠解开部分身世之谜。

一种也许比较接近事实的说法是，天珠是在印度佛教传入藏区之前，由伊朗和阿拉伯帝国传入古象雄王国，其图案和纹饰与古代象雄人笃信的苯教有关。后来天珠成为佛教的圣物。

本书后面讲述了镶蚀红玉髓珠。镶蚀红玉髓珠起源非常早，而且延续的时间很长。从制作工艺来看，天珠的制作工艺也是镶蚀工艺，纹饰是人工绘制后固化而成。镶蚀红玉髓的出现远早于天珠，学界一般认为，天珠是一种人工制品，是受镶蚀红玉髓的影响后产生。

象雄古国的兴盛时期，大约相当于我国魏晋南北朝到隋末唐初时期。

所以，天珠的年代大致在魏晋南北朝到唐代之际。

据说藏人有天珠来自伊朗的传说。象雄国兴盛时期，伊朗正处于波斯萨珊王朝时期，当时伊朗是晚期镶蚀红玉髓的制作中心。也许可以大胆猜测天珠是波斯人为象雄人专门定制的产品，其纹饰与苯教相关（苯教与波斯人的祆教起源都非常的早，西方学者认为苯教受祆教影响）。

因为某种需要，天珠没有采用红色玉髓，而是选择黑色或棕色的玛瑙制作。

此外，古印度地区的镶蚀黑玛瑙珠十分发达，这类珠子的年代更早，很可能与佛教有密切关系。这些珠子与天珠可能关系更为接近，甚至很可能直接影响了天珠的产生，二者或许还存在某种宗教联系。

以上只是我个人的一些猜测，真相还有待进一步的考古工作去揭开。

第三节 中天珠（线珠、板珠等）和“旁系天珠”

在坊间，多把“天珠”分为三类：天珠、中天珠（是 chung dzi 的音译，又叫“次要天珠”或“冲天珠”）和“旁系天珠”（又叫“天珠族”“崩系天珠”）。

这一串中既有天珠也有中天珠，你能分辨吗？它包括，四颗长形天地天珠（按藏语应叫天门地门天珠，一般简称天地天珠，天地天珠上方形的纹饰是地门，圆形的纹饰是天门）；两颗短形三眼天珠（每颗天珠上有三个眼纹）；一颗 7 线线珠，属于中天珠；以及一颗黑白珠。黑白珠属于所谓“旁系天珠”的一种。

值得注意的是，以上分类并不是学术意义上的分类，甚至这几个名称都是含糊概念，你可以把它理解为一种目前被普遍使用和普遍接受的称呼。

严格意义上的天珠并不包含中天珠。至于旁系天珠，与天珠根本不是一类东西，这个稍后再叙。

1. 什么是中天珠

天珠的藏语名称是 dzi。chung dzi 是指与 dzi 相似的珠子。中天珠与天珠一样，藏人很早就开始使用，也为藏人所珍视，但地位不及天珠。中天珠主要包括两类：线珠与板珠。

中天珠多半由西亚和古印度地区传入喜马拉雅地区，年代甚至比天珠更久远。最早的中天珠的年代至少可以追溯到公元前数世纪。

图中为一颗特殊形状板珠，黑白分明，跟老珊瑚搭在一起是绝配。

线珠、黑白珠与珊瑚搭配制成的项链。

西藏的板珠。这颗板珠体型硕大，极为罕见。板珠也有羊眼板珠、马眼板珠、圆板等各种称谓。

左边是邦提克木珠，右边是黑色的镶蚀玛瑙珠（有零星邦提克珠）。这是两类不同的珠子，在本书中另有讲述。

这颗镶蚀玛瑙珠并非天珠，乍看与天珠接近，仔细看可发现珠子上方平直而下方弯曲，形成吊坠形，与天珠形制有较大差异。源自中亚，其时代与天珠很可能相同。

黑白珠，在市场上相当受欢迎。

2. 什么是“旁系天珠”

“旁系天珠”，也称作天珠族或者崩系天珠。旁系天珠并不是天珠，与天珠根本不是同一类东西。

所谓的旁系天珠，是人们借着天珠的名义创造出的一个含糊的名词，随着老珠子热而广为传播。

市场上一般将与天珠工艺类似或有某种关联的珠子列入旁系天珠，包括药师珠、黑白珠、镶蚀黑玛瑙、镶蚀红玉髓及邦提克珠等。但这几类珠子的年代和历史文化背景很复杂，年代跨越数千年，地域范围跨越也很大，列入所谓旁系天珠实在过于笼统，也不科学。

客观地说，这些被纳入所谓旁系天珠范畴的珠子一点都不逊色，都是美丽而珍贵的珠子，历史、艺术和文化价值很高，将它们回归其本源来研究和收藏更为恰当。

延伸阅读

镶蚀古珠的工艺

天珠属于镶蚀类古珠。有关镶蚀类古珠的工艺研究，前人做过不少，国内外都有。镶蚀古珠的工艺可分为两个大类：

一次加热法

镶蚀红玉髓和镶蚀黑玛瑙珠的工艺，是在红玉髓或黑色玛瑙上直接涂上碱液后加热形成白色线条。另外，有些珠子不是白色线条，而是黑色线条，是以硝酸铜做着色剂加热形成。这种一次加热工艺形成的白色或黑色纹饰经过较长的时间使用后有可能会逐渐褪色。

中天珠里的线珠有的也是一次加热法，将白化用的碱和形成黑色线条的硝酸铜同时涂在玛瑙或玉髓珠子上加热形成，这个工艺形成的色相对较薄易脱落。

二次加热法

镶蚀红玉髓有极少量是先涂碱加热将珠子白化，然后再用硝酸铜做着色剂涂在珠子上二次加热形成黑色线条。这种工艺要经过两次加热，工艺更加复杂，不褪色或不易褪色，显然质量更好。

天珠都是采用二次加热工艺，并且珠子大多整体白化，从天珠两端到孔道深处可观察到底色是白色。

中天珠则有二次加热也有一次加热形成。

二次加热工艺还有一个变种，就是只在玉髓或玛瑙的中间部分进行了白化处理（两端仍然保留原色），然后在白色部分绘制上黑色线条，二次加热形成。透光看，中间白化部分不透光，两端仍然透光。

图中上方及右边是两颗真品短形三眼天珠，二次加热工艺制成，颜色分明而润泽，珠子事先经过整体白化而后描绘黑色图案。左边的线珠是西藏线珠，二次加热工艺制成，只对珠子中间部分进行白化再绘制黑色图案。线珠棕色的两端透光而黑白两色部分不透光且颜色分明的才能称得上是好线珠。

一次加热形成的线珠，白色与深色纹饰同时加热形成。

第四节 药师珠，传说与药师佛有关

“药师珠”是很热门的珠子，在全国各地都极受追捧，价格上涨得厉害。传说药师珠与药师佛有关，能够去病健体，使人长寿。

药师珠与老珊瑚是绝配，对比鲜明，戴在腕间极富存在感。

药师珠的形状接近球形，稍微有些扁，串起来做念珠十分合适。

药师珠的形状接近球形，稍微有些扁，串起来做念珠十分合适。

药师珠都是黑色或深褐色底色，上面有白色线条的圆形珠子。有的是天然玛瑙上面的白色纹理，有的是镶蚀而形成的白色线条。

圆形苏拉玛尼珠也被称作药师珠，更受追捧的是一线药师珠，因其腹部中间缠绕一圈白线，因此得名。有的一线药师珠是镶蚀工艺制作，其年代比苏拉玛尼珠晚了很多。

药师珠的仿品十分泛滥，鉴定的话，用老玛瑙和老镶蚀珠子的鉴定方法同样适用。

除了仿古，市场还直接炒作新珠子。全新制作的“药师珠”也有了很多拥趸和许多讲究，玩家讲究新珠子的玛瑙是什么地方产的，材质有无优化，白色线纹是天然形成的还是人工镶蚀的，以及表面形态、尺寸大小等。

现代新仿“一线药师珠”。

仿品除了玛瑙，还有琉璃和其他材质的仿品。药师珠的市场热甚至衍射到了其他门类，市场上还有用竹木等材质镶嵌骨或其他材质模仿药师珠的制品，是很有趣的创新。

第五节 “唐球”与“唐八棱”古珠

现在市场上所说的唐球、唐八棱等十分风行的老珠子，其实与唐代并没什么关系，也不是中原文化的珠子。唐球、唐八棱出土资料鲜少见到，要探究来龙去脉很困难。

现在已知的情况是：所谓唐球、唐八棱大多源自藏区，包括青海、西藏及甘肃等地，也有少部分源自伊朗、巴基斯坦、尼泊尔等

老唐球手串与老唐八棱手串。唐球和唐八棱褐色润泽灵动，直径较大，很适合男士佩戴，深受市场追捧，市价颇贵。

唐球、唐八棱细节图。

地，而且年代应该早于唐，大致可以追溯到公元前后，可达2000年左右的历史。

目前人们普遍认为，“唐球”“唐八棱”名称的由来有两个原因：一是这种玛瑙珠子呈现一种半透明的褐色，接近于熬过的糖的颜色（称作糖色）；二是人们以为其年代大约相当于唐代时期（其实并不正确）。

唐球、唐八棱的褐色并不是天然的颜色，是一种高级烧色产品。这种糖色低调内敛，温润亲切，是一种很迷人的颜色。

目前唐球和唐八棱的市价不菲，跟藏系珠子的流行有关。据说西藏的庙宇中的确也使用唐球和唐八棱。

什么东西一旦受市场追捧，仿品就多，藏家购买时一定要谨慎。本书中介绍的老珠子的一般鉴定法则也适用于唐球、唐八棱。

顺便提一下，市场上关于唐球、唐八棱还有灰皮、蓝沁等各种讲究，建议看珠子要先宏观地来看，在没有整体认识的情况下，不要一头扎进去研究所谓的灰皮、蓝沁，很容易被误导。要知道，每一颗老珠子都有古老的气息，通过观察感受时代气息，先看整体再看局部才是正确的鉴定顺序。

唐球、唐八棱及药师珠等串成的多宝手串。

第5章

生命中的最美最轻：琥珀和蜜蜡老珠子

在世界上所有宝石中，以琥珀为最轻。但它们内蕴虎王之精魄，使生命在最美的瞬间永恒定格。它们深埋于黑暗的煤层，历经千年的蹉跎，但它们的光泽是那么柔润，不带一丝尖锐与凌厉，也不曾被凡尘浸染、污浊。

第一节 琥珀又叫“虎魄”

中国古人为什么将琥珀称为“虎魄”，因为“虎死，精魄入地化为石”，另外，还认为琥珀可以驱邪镇惊，如果给小孩子佩戴上一串琥珀，就可以保其平安。

让人爱不释手的西藏老蜜蜡。个头硕大，形状好（为蜜蜡中价格最贵的近球形），颜色美丽，殊为难得，价格不菲。

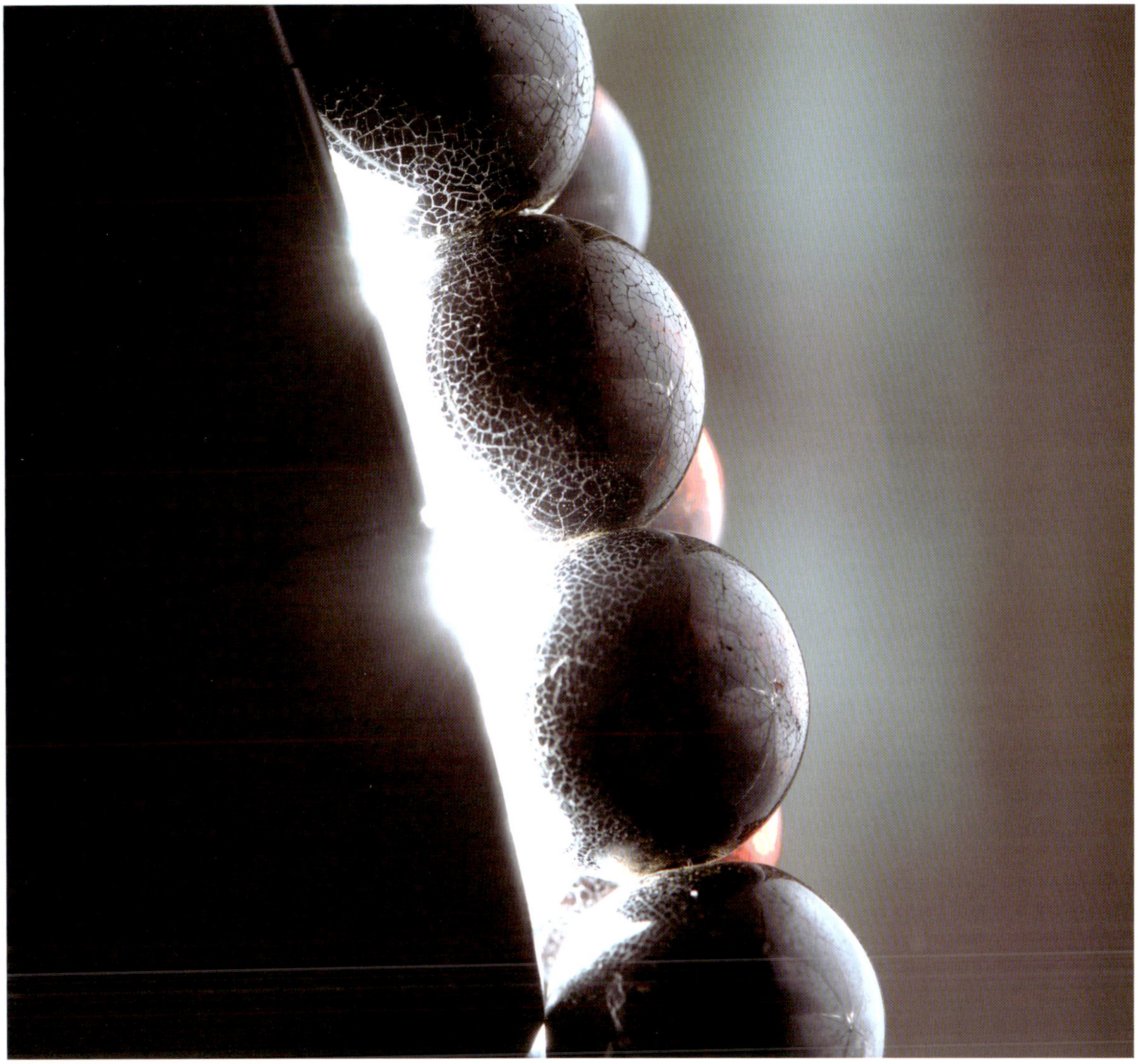

翳珀看上去是黑色不透明的，但是打强光可以看到是透明的酒红色。

蜜蜡一词用于特定品种的琥珀，大概是在明末清初左右，当时广东地区有人用油煮蜜蜡进行优化，让蜜蜡变得更通透以便充当金珀。

中国古人以琥珀为贵，翳珀等级最高，血珀是琥珀中的上品，其次是金珀，透明度低的金黄到棕黄的蜜蜡则最次，这点与今天人们特别崇尚蜜蜡之风有很大差异。

现今，人们特别崇尚蜜蜡，一方面由于蜜蜡本身的美和温润的质感，另一方面也与商家刻意引导有关，另外，很大程度上也与藏饰的普遍流行有关。

由于西藏蜜蜡独特的宗教和文化背景，现在在市场上，藏蜡特别

清代翳珀朝珠。“翳珀为众珀之长”，就是说翳珀最为珍贵。

年份相当好的老蜜蜡手串，包浆厚实，橘皮纹清晰可见。

火热，是老珠子中最受追捧的门类之一，价格高昂。

其实，西藏并不出产蜜蜡，藏蜡的来源主要是波罗的海。既然同是波罗的海蜜蜡，为什么老的藏蜡与欧洲或西亚老蜜蜡看起来有所不同呢？这或许是由于气候、日常佩戴和使用方式、环境的不同，让老藏蜡与欧洲和西亚的老蜜蜡在外观上显得有些许不同吧。由于中国市场上对藏蜡的追捧，西亚老蜜蜡也随之水涨船高。具实从收藏角度来说，只要是好的老蜜蜡都可以收藏。

延伸阅读

琥珀是世界上最轻的宝石

琥珀属于有机类宝石中的一种，比重只有1.08左右（1.03到1.10之间），是世界上最轻的宝石。硬度只有2到3，容易受损。

具有温润柔和树脂光泽的琥珀，主要颜色有红、橙、黄、绿、褐和白色。在紫光灯下，琥珀的荧光是微弱的白色且略偏蓝色。红色的琥珀呈现出与白色叠加在一起的紫红色荧光。

第二节 琥珀有哪些品种

琥珀的品种包括：蜜蜡、血珀、花珀、明珀、金珀、蓝珀、绿珀、骨蜜、金搅蜜、翳珀、虫珀、植物珀、香珀等。

这些品种大多以琥珀的颜色或内含物而命名。

明珀指透明度高、色很浅的琥珀；

血珀指颜色深红的琥珀；

翳珀指几近黑色的琥珀，很珍贵；

金搅蜜是透明的琥珀与蜜蜡交织在一起的半珀半蜡；

蓝珀并不是真的蓝色而是淡黄色，但在深色底色和自然光线下会呈现一点蓝色，在紫外灯荧光照射下呈强烈蓝色；

另外，有的琥珀有内含物，根据内含物的不同有虫珀、植物珀等。

波罗的海琥珀多色手串，现代。

第三节 “千年琥珀，万年蜜蜡”的说法没有道理

关于琥珀和蜜蜡的形成年代，一个广为流传的说法是“千年琥珀，万年蜜蜡”，这种说法是毫无道理的。其实有心的人多观察琥珀和蜜蜡便能发现这种说法有误。比如一块半珀半蜜的琥珀，难道同一块原石的形成年代可以不同?

蜜蜡就是琥珀的一个品种而已，其形成年代与琥珀相同。

琥珀（包括蜜蜡），是松柏科植物受到外伤或自然破裂而分泌的树脂，经过千万年以上的掩埋和地质作用，固化而形成。大致可将其分为两类：

第一类是白垩纪琥珀，形成时间大概在1.4亿年前到6500万年前之间。这个时期的琥珀数量少，因为年代过于久远变得很脆易碎，有科学研究价值，但不适合作为珠宝。

第二类是第三纪琥珀，形成时间在大约6500万年前到1000万年前之间，比白垩纪的琥珀要结实美丽得多，用于珠宝的琥珀就属于这一类。

1. 琥珀和蜜蜡有何区别

琥珀和蜜蜡是同一类物质。严格地说，可以把蜜蜡视作琥珀的一个品种。一般把透明状的称为琥珀，半透明到不透明的称为蜜蜡。

蜜蜡内含的许多微小气泡会影响整体的透明度，因其颜色似蜜而质感又似蜡，因此得名“蜜蜡”。

琥珀的透明程度与琥珀酸的含量有关，琥珀酸含量低的透明度就高，琥珀酸含量高的则浑浊、透明度低。欧洲人将琥珀和蜜蜡统称为Amber，我国现行国家标准中将二者统称为琥珀。

2. 蜜蜡戴久了会变成琥珀吗

市面上广为流传着一种说法——蜜蜡戴久了，琥珀酸会因为人体体温的作用挥发减少而变成通透的琥珀。这种说法是不对的，佩戴流传几百年的老蜜蜡也仍然是不透明的。

第四节 琥珀出生在哪里

1. 欧洲

波罗的海周边国家（包括波兰、俄罗斯、立陶宛等国家）出产的琥珀，透明到半透明，以黄、金黄为主，也有褐色、白色、红色、绿色等。罗马尼亚琥珀，以深色系为主，最珍贵的当属几近黑色的翳珀。意大利西西里岛，以红褐色为主。

2. 中国辽宁抚顺

中国辽宁抚顺的琥珀，透明到半透明，颜色丰富，有金黄、棕黄、红色、绿色等颜色。抚顺是古代中国琥珀的重要产地，目前资源已经几近枯竭。此外，中国的广西、云南等地也出产琥珀。

3. 缅甸

缅甸琥珀形成的年代很早，颜色偏深，有暗橘色到棕红色、绿色、蓝色，缅甸还出产樱桃红、紫罗兰等稀有品种。缅甸琥珀的硬度是琥珀中最高的，莫氏硬度大概在 3 左右。

4. 多米尼加

南美洲的多米尼加琥珀以透明琥珀为主，颜色有黄色、橘色、绿色以及珍贵的蓝色。多米尼加琥珀直到近几十年才有了商业性开采。

第五节 目前国内市场上有三大类老琥珀蜜蜡

1. 辽及明清时期的老琥珀珠子及饰品

辽代以前的琥珀制品非常的少，中国历史上琥珀在绝大部分时期都不是主流。然而，辽代是个例外，契丹人是最钟情琥珀的民族。陈

辽代老蜜蜡珠子制作的项链。

难得的清代金珀朝珠，可惜配件已不十分完整。

国公主墓出土的琥珀佩饰多达2101件，公主及驸马头上、脖子、胸前、腰间都佩戴着琥珀，手中还有琥珀握。琥珀璎珞是辽代最具特色的琥珀饰品，由许多琥珀珠子和佩饰穿系而成，复杂而华丽。

明清时期也有琥珀制品，尤其清代琥珀的使用范围变得更加普遍，除了宫廷和上层贵族、官僚以外，民间条件好的人家也能够购买和使用琥珀。清代琥珀饰品包括朝珠、手串、坠子、佩饰、纽扣、手镯等等。皇帝祭地的时候就要使用蜜蜡朝珠。清代人喜爱的十八子手串，也有用琥珀蜜蜡制作的，男女都戴。此外还有琥珀扇坠、发簪、帽正、

形状、质地、颜色都很好的老藏蜡，是当下最为热门的品种之一。

佩饰、陈设摆件及鼻烟壶等器皿。

我国古代琥珀多原产自波罗的海、抚顺和缅甸。琥珀开采出来以后，随着时间的推移，颜色会因氧化而逐渐变深，逐渐转变为深棕或深红色。

2. 中国藏区的老蜜蜡珠子

藏区的蜜蜡代代相传，老藏蜡多呈现迷人的鸡油黄至橘黄色，很多原产自波罗的海。

藏区蜜蜡的年份很难说，几十年到百年以上的都有。老西亚蜜蜡中也有藏区老蜜蜡的形制，西亚老蜡的年份有的能到两百年以上。

因为藏蜡受到市场热烈追捧，西亚老蜡就常被当作藏蜡售卖，市场上也因此流传着很多关于如何区分西藏老蜡与西亚老蜡的“诀窍”，其中难免有商家的各种误导。坦白地说，撇去宗教含义与附加值不谈，只看年代、大小、形制、颜色、皮壳和材质本身，在同等条件下，西亚老蜡是性价比更优的选择。当然，对于看重宗教和文化内涵的玩家来说，两者是不可同日而语的。

刻面的欧洲老琥珀珠子。这种刻面工艺是欧洲特色，予人珠宝感觉。

由于文玩圈子里的西藏风已经吹了很久，很多东西都要借着西藏的名头镀镀金，商家也有将西亚的老蜜蜡带到西藏、尼泊尔等地再售卖的。喜爱藏文化的玩家，入手不得不谨慎。

3. 欧洲、西亚地区的老琥珀蜜蜡珠子和饰品

流入我国市场的欧洲和西亚的老琥珀蜜蜡多以项链、耳环、胸针、戒指和念珠串为主。穆斯林使用的琥珀蜜蜡念珠包括深红色、黄色、橘色、棕黄色等各种颜色。

欧洲老琥珀蜜蜡首饰设计华丽，工艺精湛，既实用又贴近现代人的审美观，近年逐渐流入国内市场。其年份多在百年以内。

欧洲或西亚老蜜蜡枣形珠串成的项链和手链。很多人特别喜欢枣形珠，因为这个形状不光好搭配，佩戴起来也很舒适。

源自欧洲的老琥珀塔链，塔链指项链的珠子大小是由后往前依次变大。欧洲的老首饰中塔链十分普遍，材质包括琥珀蜜蜡、珊瑚、绿松石等。

目前，国内市场上不带雕工的老琥珀蜜蜡，一般都是以克论价。每克价格从数百元到数千元不等。老琥珀雕件和镶嵌首饰则不能简单地以克论价，价格以件计更恰当。

第六节 “老蜜蜡”“新蜜蜡”

古玩界所说的老蜜蜡指的是开采和制作年代距今至少半个世纪甚至上百年的蜜蜡饰品。我们看重老蜜蜡，不是因为其材质老，而是因为它身上带着人文历史的印记。

与老蜜蜡相对应的新蜜蜡则是指近年来新开采和制作的蜜蜡饰品。

需要特别注意的是，市场上所说的老蜜蜡，大多数时候并不是指真正意义上的老蜜蜡。很多人将颜色深黄、棕色的蜜蜡都叫作“老蜜蜡”，这也许是因为其颜色和真正经过缓慢氧化过程而形成的老蜜蜡接近。

实际上，这些所谓的“老”蜜蜡只是新开采的蜜蜡，其颜色很多是利用加热优化的手段形成的（又称作“烤色”）。

市场上有许多混淆视听的老蜜蜡称呼，有些商家拼命鼓吹“万年蜜蜡”，强调其“老”，实际上，琥珀蜜蜡本来就是亿万年才形成的，材质的确都很古老，只是开采年代有早有晚罢了。

目前市场上绝大多数琥珀蜜蜡是新开采出来的，真正的老琥珀蜜蜡很少。购买之前，首先要弄清到底是此“老蜜蜡”还是彼“老蜜蜡”，千万不要用大价钱买回烤色的新蜜蜡。

第七节 如何鉴定琥珀蜜蜡

1. 鉴定顺序：先看材质，再看新旧

辨别珠宝，首先要学会判断材质的真伪，然后判断新旧才有意义。宝石类材质的老珠子，材料价值占据其价值的很大比例。

这是人工合成的仿蜜蜡非洲贸易珠。百年前，欧洲销往非洲的人工合成仿品，用来仿冒琥珀蜜蜡交换珍贵物资。主要集中于西非国家。如今，这类仿制品又流回欧洲，被爱好者收藏。别看是仿品，由于其历史文化价值，现在市场价格也比较高。

作为消费者，不要认为老的材质就一定是对的，琥珀蜜蜡早在百年前已经有了仿品。欧洲人用电木制作的人工合成仿品如今在市场上还时常可以看到。

其次，判断珠子的新老。不论是在市场上，还是在各种网络论坛里，我们都可以发现玩新的琥珀蜜蜡和老琥珀蜜蜡的属于两种不同人群。

很多玩老琥珀蜜蜡的人，是先从玩新的琥珀蜜蜡入门，渐渐不满足于新东西，于是开始追求有年代和内涵的老琥珀蜜蜡；有的则是爱屋及乌，因为喜欢老手串、佛珠，为了给自己心爱的串饰搭配，也开始关注和喜爱老蜜蜡。

另外，还要学会鉴定琥珀蜜蜡的品相。

品相是指珠子的完美程度，谁都希望能拥有完美品相的宝物。珠子的品相好与不好，其价格也天差地别，所以，对于琥珀蜜蜡品相的鉴定也是评价其价值的重要步骤。

2. 鉴定材质真伪的目测法

鉴定材质真伪主要目测材质是否光泽温润、有云纹。

琥珀和蜜蜡的光泽是柔和的树脂光泽，看上去会给人一种温润的感觉。仿琥珀或仿蜜蜡看起来总是不自然，要么太透明，要么完全不透明，而且质地往往过于均匀，缺乏变化。比如再造琥珀，再造琥珀是利用小块碎料进行处理、烧结而成的琥珀，又被称作“压制琥珀”，透光看会有明显的“血丝”状流动构造或搅动构造，这种构造显得很有规律，与真品千变万化的自然云纹有很大不同，有经验的人通过目测基本可以准确地区别真品和仿品。

透明琥珀中常常有包裹体，所以，观察内含物是鉴定的一个好方法。

可以观察内部的气泡形状，有定向排列的扁平拉长气泡是再造琥

老蜜蜡透光可见自然的云纹。

珀。有的再造琥珀颗粒块头较大，可看到颗粒与颗粒间呈块状或相绞在一起，颜色分界明显。国际上明确规定再造琥珀不允许使用“琥珀”来直接定名，因其价值与琥珀有巨大差异。现在玩家最容易吃药的就是做旧的压制蜜蜡，蜜蜡的真伪可以通过查看内部的结构来辨别，一般透光下可以看到云纹，且云纹自然飘逸，犹如天上的云彩一样变幻无穷，每一颗都不一样。

3. 鉴定琥珀蜜蜡新老之四要素

与古董一样，老琥珀或老蜜蜡并没有权威的国家机构出具新老的鉴定证书，只能通过经验判断。一般来说，老珠子的新老鉴定基本是相通的，材质、形制、制作工艺、使用痕迹、风化痕迹、包浆等都是鉴定的重点。

（1）材质：年代越久远，颜色就越深

一般来说，琥珀的年代越久远，颜色就越深。随着年代推移，颜色由浅色逐渐过渡到黄色再逐渐变为深红色。蜜蜡也是一样，颜色由浅入深。从颜色的深浅可以大致看出年代是否久远。

（2）制作工艺：手工制造，孔道不规整

琥珀蜜蜡硬度低，制作工艺不能作为判定新老的绝对指标，只是一个必要条件。

老珠子都是手工制作，可以看出手工加工的痕迹。真正的老珠子不是100%浑圆的球形，大小也不是均匀一致的。老珠子的光泽属于宝光内蕴，非常柔和，不会像新珠子那样抛得很亮。

另外，老珠子孔道偏大，孔道内壁一般都很光亮。有的老珠子的孔道不是圆的，而是类似锁匙孔的形状，很多人将之称为“钥匙孔”。这种钥匙孔的形成是在佩戴中经过串绳长久的摩擦造成的。

（3）风化与包浆：内壁易出现冰裂纹，外壁形成橘皮纹

风化和包浆是岁月给老琥珀蜜蜡留下的印记，是做旧最难攻克的环节。年代久远的老琥珀蜜蜡以深红或褐色常见，而黄色老蜜蜡的年代要短些。通常所说的老蜜蜡至少有五六十年以上的历史。

①冰裂纹

仔细观察老琥珀老蜜蜡，常会看到很细小的冰裂纹，在孔洞内壁、珠子外壁都能找到。相对外壁来说，孔道内壁更容易出现冰裂纹。观察冰裂纹，可以借助放大镜和强光手电。自然的冰裂纹饰细腻而且均匀，而现代仿的冰裂纹是利用高温人为让琥珀蜜蜡产生冰裂，开片大而且不均匀，与真品的小而均匀的冰裂纹有很大区别。

②橘皮纹

年代久远的琥珀和蜜蜡表面受到侵蚀和风化，产生类似橘皮一样

的表皮。橘皮纹也是判定新旧的一个依据，行家看老蜜蜡的橘皮纹就可以大致分辨年代。

（4）使用痕迹、磕碰痕迹自然

蜜蜡和琥珀在过去通常都是需要经常佩戴使用的，使用时间久了自然就会留下痕迹。比如由于长期穿绳佩戴，珠子孔道内壁被磨得很光亮，有时甚至还会形成椭圆孔或钥匙孔。

很多人只认钥匙孔，认为是判定新旧的重要标准。作伪者抓住这种心理，尤其喜欢伪造钥匙孔。仿的人追求速度，往往打一个正圆孔后直接就在一边再做出一道凹痕冒充钥匙孔，显得异常生硬。

其实老珠子并不都有钥匙孔，而且多数都没有，所以不必把它作

鉴定老蜜蜡要从材质、制作工艺、风化与包浆、使用痕迹四个方面着手。图为老藏蜡珠子。

为辨别的必要条件。要知道，从品相上来说，孔道磨损过度的老珠子价值是会受到一定影响的。

琥珀蜜蜡的硬度低，容易磕碰受伤，过去留下的伤痕可以称为老伤。老伤与新伤的区别很明显，新伤没有包浆，而老伤上有与周围表皮一致的包浆，有很明显的区别。

仔细分辨往往可以看出伪造的使用或磕碰痕迹显得很不自然，不像是日常佩戴自然形成的感觉，位置也不符合使用的自然规律，因此，看使用痕迹是鉴定新旧的一个辅助方法。

判断新老是一个经验积累的过程，不是一蹴而就的，玩家需要多看多体会。

4. 如何鉴定老蜜蜡珠子的品相

当珠子的真伪和新老辨别清楚后，就需要关注品相了。品相决定着老蜜蜡的价格。判断老蜜蜡琥珀的品相，应从以下六个方面来着手：

☆物品的完好程度、质地，是否有损坏、伤痕或瑕疵；

☆表面形态的完好程度、是否有划痕、伤痕或其他瑕疵；

☆打孔位置（是否中正）、孔道大小以及孔道磨损程度；

☆包浆的完美程度以及冰裂程度（以包浆厚实漂亮、冰裂不影响珠子健康程度为好）；

☆颜色的饱和度、明度及均匀程度（若是老花蜡的话要看花纹的美观性）；

☆琥珀或蜜蜡的含量（全珀、全蜡、半珀半蜡等）。

5. 大小、形制、形制的规整程度

（1）大小：尺寸越大越贵

老蜜蜡珠子的价格落差很大。尺寸大小、形状、品相是影响价格

老蜜蜡墩子，大颗的蜜蜡做吊坠再合适不过了。

的重要因素。珠子尺寸越大越贵，一般单颗重量超过 5 克的珠子价格较高，超过 15 克的珠子属于难得的珍品，极具收藏价值。

（2）形制：圆球形和近圆球形最贵

一般来说，圆球形或近似圆球形的珠子价格最贵，其次是大的鼓形珠、桶珠、枣珠或规整的墩子（较厚的圆柱形），再次是饼子（有一定厚度的圆饼形），最后是片子（薄圆饼形）。

除以上主要形制外，还有三通、四通、马蹄、菱形等特殊形状，若是搭配得好，特殊形状的珠子能够增强整个串饰的视觉美感。

老蜜蜡大饼子，很醒目。细部图可以看到表面风化痕迹明显。

（3）形制的规整程度

人们总是喜欢规整的形状，这与审美和实用有关，规整形状的珠子越戴越耐看，易于搭配。受到原矿大小和形状的限制，老蜜蜡里形状特别规整的占比很少，因此规整的大颗老蜜蜡珠子在市场上十分抢手，同样的珠子，规整的价格可以比不太规整的高出一倍甚至更多。

6. 伪造的琥珀蜜蜡是什么材质，如何辨别

（1）真伪鉴定

①饱和盐水测试：能否上浮

琥珀或蜜蜡在饱和盐水中会上浮，而塑料（包括电木、赛璐珞）等其他材质的仿品则会下沉。

进行饱和盐水测试需注意以下几点：

• 食盐的量一定要足够，常温下 100 克水可溶解 36.5 克左右的盐，在水中加盐并充分搅拌溶解直至盐水完全饱和。

• 琥珀和蜜蜡放入饱和盐水前需摘去绳子或吊扣等附属品，以免影响检测结果。

• 可将琥珀孔道或镂空处的气泡尽量排除，这样结果更准确。

需要指出的是，盐水测试法仅仅能鉴别出部分仿品，不能排除柯巴树脂、压制琥珀和更轻薄的塑料（如聚苯乙烯）制品。

②针刺、火烧测试：有一定破坏性，慎用

将细针加热后在样品不显眼处进行针刺测试，塑料制品会有各种异味，而琥珀则释放松香的特有香味。另外，塑料在受热后会局部融化导致黏住针头而牵丝出来，而琥珀只会产生黑烟、留下疤痕。另外，也可通过用打火机在不显眼处烧一下进行测试，琥珀会产生松香味，局部会变黑（此法对柯巴树脂和压制蜜蜡无效，另外，针刺和火烧测

试有一定破坏性，应慎用）。

③手搓测试：看能不能闻到轻微松香

用手搓样品，琥珀能闻到轻微的松香味。需要注意的是，经常盘玩的老珠子，味道会淡很多，有时甚至闻不出来（此法对柯巴树脂和压制琥珀无效）。

④乙醚测试：表面是否发黏

学过宝石学的人都知道，鉴别琥珀的经典方法是滴少量乙醚在样品不显眼处，如果表面变得有点发黏，溶于乙醚则是柯巴树脂（此法其实不能完全排除柯巴树脂，因为有部分柯巴树脂并不溶于或只是轻微溶于乙醚）。

⑤酒精测试：有效测出柯巴树脂

酒精测试比乙醚测试对柯巴树脂更加有效。将少量酒精滴在样品不显眼处，放一段时间，柯巴树脂表面会变得有点发黏，而琥珀则完全没有变化。

（2）什么是柯巴树脂

柯巴树脂是一种年份浅的树脂，通常年代在300万至400万年以内，尚未完全石化，还不能称之为琥珀或蜜蜡。柯巴树脂质地较软，加工时容易碎裂，而且难以抛出亮光，珠子和雕件等成品鲜有柯巴树脂仿品。市场上柯巴树脂通常被用来冒充琥珀原石，尤其是虫珀。乙醚测试和酒精测试可用于识别柯巴树脂，但可能对样品表面造成损害，应慎用。

（3）琥珀蜜蜡的优化

自古以来国内外就有很多优化琥珀的方法，目前各种优化技术还在不断提高。加热处理是最为传统的一种优化手法，西方在罗马时期便已经开始采用。

现在市场上的琥珀和蜜蜡多数是经过优化或处理的。

我国现行国家标准规定：热处理、压固处理和无色覆膜属于优化手段，可以用“琥珀”定名。而经过有色覆膜、染色、加温加压改色、充填等处理的琥珀则不可以仅以“琥珀”定名，还应标注“处理”或“压制”字眼。

（4）鉴定证书上作文章

如果对琥珀蜜蜡的材质有疑问，可以送到国家权威检测部门进行检测并出具鉴定证书。鉴定证书上若定名“琥珀”则为天然琥珀，若标注“处理”二字则不是天然琥珀，而是经过处理的，价值要大打折扣。

需要指出的是，由于优化手段是国家标准认可的，因此鉴定证书并不能作为分辨琥珀是否经过热处理、压固处理和无色覆膜优化的依据。此外，鉴定证书仅仅对材料进行鉴定，而不能鉴定样品的新老。

烤色是国际、国内都认可的优化手段。经过烤色的新蜜蜡，颜色可以很接近老蜜蜡的颜色，变得更深更好看。鉴定机构一般不鉴定颜色成因，所以玩家要锻炼自己的眼力，结合制作工艺、风化痕迹和包浆等因素综合判断新老，而不能只认颜色。

烤色蜜蜡本来是为消费者增加了一个很好的选择，但是被少数“聪明人”用来假冒老蜜蜡企图卖更高的价钱就不对了。作伪者为了让烤色蜜蜡更逼真，还会精心仿造皮壳，但是皮壳难以仿到位，因此，看皮壳也是鉴定的主要依据。

7. 如何保养娇气的琥珀蜜蜡

有机类宝石都是比较娇气的宝石，琥珀蜜蜡更是如此，是特别需要小心养护的宝石。

琥珀蜜蜡是比较娇气的珠宝，不仅要避免磕碰，还需要悉心呵护，不注意的话会让蜜蜡受伤、变得粗糙、失去光泽，外观和价值均大打折扣。

（1）忌磕碰

琥珀蜜蜡的硬度低，怕划、怕磕碰、怕摔，佩戴的时候需小心，收纳时也要注意不能与硬的东西放在一起以免摩擦损伤。

（2）忌干燥腐蚀

琥珀蜜蜡易脱水，在干燥环境中容易产生裂纹。平时注意远离酸碱腐蚀性物质，不要接触日用化学品如香水、发胶等。

（3）忌用超声波清洗

可以用清水洗涤，软布擦干，避免用超声波清洗。

（4）忌明火高温

琥珀蜜蜡怕高温更怕明火，需注意不能在烈日下暴晒，最好也不要接触热水，洗澡和做饭时最好不戴。

（5）宜时常把玩

最好的保养方法是日常多佩戴把玩，人体的油脂和温度对琥珀是一种养护，会越盘越漂亮，似乎与人心意相通，让人爱不释手。

第6章

佛家七宝之一：珊瑚老珠子

珊瑚，在黑暗的深海强压下生存，却生成了最艳丽、柔嫩的颜色。它们是皇室华衮上的亮点，是贵族身份的象征。伤痕是它们的骄傲，是经历苦难后的升华，它们体验了生命的轮回，生前为深海之珍，死后经雕琢而重生。

戴上一串这样的老珊瑚珠串，华贵却不张扬，绝对是百搭的服饰单品。

第一节 红珊瑚老珠子，怎么看怎么光彩夺目

因其红艳的颜色，红珊瑚很容易与各类老珠子包括青金石、绿松石、天珠、珍珠、翡翠、菩提等搭配，怎么看怎么光彩夺目。一般文玩圈子里所称的珊瑚特指红珊瑚，又叫贵珊瑚。它与琥珀、珍珠并列称为三大有机宝石，也是佛教七宝之一。在中国自古以来就是财富的象征。

珊瑚是热带和亚热带的温暖海域中生长的一种动物，是无数微小的圆筒形珊瑚虫分泌的石灰质或角质大量堆积形成的干支状物，是珊瑚虫的共同骨干。因其形如树枝，人们也称其为“珊瑚树”。

珊瑚的种类很多，被列入宝石的种类却很少。我们到海边旅游或浮潜时常见到的那种质地疏松的珊瑚，是浅海造礁珊瑚，不能用作有机宝石。

珊瑚骨骼有两种质地，一种是碳酸钙，一种是角质。

红珊瑚是碳酸钙（石灰质）。

常被来制作烟斗的海柳，学名为黑珊瑚，属于角质珊瑚。角质珊瑚的主体是有机质（人类的指甲也是角质的），有一定弹性。

红珊瑚基本上都生长在深水里，骨骼呈红色或粉红色，其中质地致密均匀并有良好抛光性能的才能列入宝石级。

第二节 宝石级珊瑚分四大类

红珊瑚的颜色通常呈浅至暗色调的红色和橙红色。粉色和粉白色的珊瑚，通常不称红珊瑚，而称粉珊瑚。

一般说来，红珊瑚和粉珊瑚可分为：阿卡（Aka）珊瑚，沙丁（Sardinia）珊瑚，么么（Momo）珊瑚以及深水珊瑚等几个品种。

老阿卡珊瑚珠项链及手链，在原料越来越珍贵的今天已经很少再用阿卡制作珠串了。

近两百年的老沙丁珊瑚珠项链，这种浅橙红色在国外被称作“三文鱼色”。

1. 阿卡（Aka）珊瑚：品质最佳，价格最贵

阿卡在四类中最负盛名，它生长于太平洋海域，主产地是日本海域。Aka 在日语中是“赤”的发音，Aka 珊瑚即赤珊瑚。

阿卡珊瑚是四类中品质最佳的，价格也最贵。

质地特别致密、润泽，抛光后很光亮，微透明，有玻璃感。

颜色可以从橘红、朱红、正红（辣椒红）、深红至深得发黑的牛血红，从价格上看，颜色越深越贵。日本高知县的顶级牛血红价格最贵，每克价格高达数千元至两万元以上。

阿卡珊瑚的一个最大特征是有白芯，这其实也是阿卡的缺点，但却也给了我们分辨阿卡珊瑚与沙丁珊瑚的最便捷的方法。

几乎所有阿卡珊瑚成品都存在或多或少的白芯（成品表面有白点存在，大至黄豆，小至针尖）。

如今，阿卡珊瑚很少被用来做珠链，一是因为阿卡有白芯和虫洞不适合做珠子，要凑齐项链或手串很难；二是因为原料稀少价格高昂。

两百年左右的老沙丁珊瑚项链，源自荷兰。

2. 沙丁（Sardinia）珊瑚：性价比高

沙丁珊瑚原产自地中海撒丁岛附近的海域，后来泛指地中海海域出产的珊瑚。沙丁就是撒丁岛的英文名称 Sardinia 翻译而来。沙丁珊瑚多由意大利人经营，所以又被称作意大利珊瑚。

沙丁珊瑚的密度不及阿卡，抛光后没有阿卡珊瑚的宝光和玻璃质感，因此价格比阿卡低了很多。沙丁珊瑚没有白芯，是做珠子的绝佳材料，做好的珠子怎么转动，颜色都一样，不会出现白点。

沙丁珊瑚的颜色从橘色、橘红、朱红、正红到深红都有，但是颜色能达到阿卡珊瑚中牛血红颜色的非常之少。沙丁珊瑚中颜色浅的橘色和橘红色类似三文鱼肉的颜色，在欧洲又被叫作三文鱼色。三文鱼色的沙丁与么么珊瑚的颜色接近。

有很多商家把沙丁珊瑚中接近阿卡颜色的称作阿卡级珊瑚，绝口不提沙丁二字，这是为了混淆视听，大家一定要注意。

其实沙丁珊瑚本身也是好东西，而且无论老珠子还是新珠子，都是珊瑚珠子中主力品种，性价比不错。

沙丁珊瑚株体一般不大，10毫米以上的很少，做大件困难，做珠链正好。

阿卡与沙丁价格差别很大，奸商常用沙丁冒充阿卡，千万不要相信什么特地精选没有白芯的部位制作等言辞。

硕大的老么么珊瑚珠项链，典型的么么珊瑚颜色，最大的珠子类似鸡蛋大小。如此大的老么么珊瑚珠串实在难得，价格不菲。

3. 么么（Momo）珊瑚：粉嫩天使肌肤

么么珊瑚主产自中国台湾海域及日本海域。Momo 在日语中是“桃”的发音，Momo 珊瑚即桃珊瑚。么么珊瑚的质地比阿卡差、比沙丁好，也有白芯。

么么珊瑚的颜色包括浅粉红、粉红、桃红色以及橙色等。颜色红艳到接近阿卡色的虽然很少，但是这类比较容易与阿卡珊瑚混淆。

除了颜色，么么珊瑚与阿卡珊瑚的区别主要在质地上，抛光良好的阿卡珊瑚有玻璃质感，而么么珊瑚是瓷器的质感，且么么珊瑚的生长纹更明显一些。

么么珊瑚如果能够达到颜色很均匀的粉色者就被称作“天使肌肤”（Angel Skin），又叫“孩儿面”，日本人叫“Boke”（褪色的意思）珊瑚。

欧洲人和日本人并不像中国人那样崇尚大红色，他们更推崇粉嫩的天使肌肤，价格超过阿卡。

4. 深水珊瑚（Deep Sea Coral）：多为白色和粉色相杂，有压力纹

深水珊瑚，又称为深海珊瑚，是为了跟浅海的造礁珊瑚区分。

深水珊瑚是珊瑚中的一个品种，指水深达到 600 米至 1800 米的珊瑚品种（红珊瑚一般长在水深几十米到 300 米之间的地方，其中沙丁珊瑚水深最浅，阿卡珊瑚和么么珊瑚要深一些）。

深水珊瑚主产地在太平洋上的中途岛至夏威夷海域，其颜色多为白色和粉色相杂的颜色。由于水深，深水珊瑚不仅难以打捞，还有个非常难以解决的问题，就是珊瑚出水的时候，压力变化过大，巨大的内外压差导致珊瑚在出水后表面会出现裂纹。

沙丁珊瑚由于水浅，不存在压力纹的问题，阿卡和么么有的也会

老深水珊瑚珠项链。由于珊瑚生长的地方水深，出水时的巨大压差使得珊瑚上的压力纹很难避免。压力纹是深水珊瑚的身份证。

产生压力纹，但少。压力纹是深水珊瑚的胎记，大多数深水珊瑚都有压力纹。

由于生长在压力大的环境里，深水珊瑚质地相当瓷实，密度大，光泽好。

延伸阅读

珊瑚的开采历史

珊瑚的使用拥有非常悠久的历史，8000年前，地中海的珊瑚便已经被用来制作珠子。不过，古时候能采集到的珊瑚极少，多是随着海浪被冲上岸边的残枝。大规模的开采是近400年才开始的。

古代的珊瑚主要来产自地中海地区，并由此传播到世界各地，包括中国和日本。日本海域的珊瑚发现年代较晚，不到200年。到了明治维新之后，也就是130年前左右，才开始了正式的开采。中国台湾珊瑚的开采就更晚了，是20世纪20年代以后的事情，只有大约90年左右的历史。深水珊瑚则更晚，1966年才被发现。

第三节 什么人才配用红珊瑚

中国古代的珊瑚，来源应该是以地中海所产的沙丁珊瑚为主，也包括我国周边海域少数被海浪冲上海滩或渔民打鱼时偶尔收获的珊瑚。

地中海的珊瑚，通过陆地上的丝绸之路以及海上贸易路线向东传播，进入中国是很自然的事情。西汉和魏晋的墓葬中曾有珊瑚珠出土。到了唐代，珊瑚传入了日本，被认为是波斯舶来品。

现在，我们能够见到的古代红珊瑚制品多为清代和民国的东西。

旧么么珊瑚雕刻圆珠摆件。日本有名的工匠雕刻。这是我所见过的最为精美和工整的珊瑚雕刻，令人叹为观止。

清代带工珊瑚珠。

《钦定大清会典》中记载：皇帝朝珠，用东珠一百有八，佛头、记念、背云、大小坠珍宝杂饰惟宜。惟圜丘以青金石为饰，方泽珠用蜜珀，朝日用珊瑚，夕月用绿松石，杂饰惟宜。吉服朝珠，珍宝随所御。绦皆明黄色。

清代，皇帝祭日时要佩戴红珊瑚朝珠。皇后、皇太后穿朝服时除了戴一盘东珠朝珠外，还要在两肩上各斜挂一盘红珊瑚朝珠。皇妃戴一盘琥珀朝珠，两肩也要各挂一盘红珊瑚朝珠。此外，王公贵族以及他们的福晋也可以用珊瑚朝珠。清代二品文官和二品武官的帽顶也规定用珊瑚。

除了朝珠，清代也有红珊瑚制的十八子手串和其他饰品。人们将红珊瑚镶嵌在头饰、耳环、戒指、手镯、帽正等上面作为装饰，清代鼻烟壶的盖子也常有用珊瑚制作的。

此外，藏传佛教也极为推崇珊瑚，珊瑚属于佛教七宝之一。藏族

上世纪20年代至30年代的欧洲老沙丁珊瑚套装首饰。

老么么珊瑚雕日本人像。流行于第二次世界大战前的日本。阿卡和么么的名称皆源自日语，可见日本在珊瑚界的地位。与中国人崇尚大红不同，日本人更偏爱桃红色珊瑚。

北京翰海拍卖有限公司2010秋季拍卖会上，这套蒙镶珊瑚公主头饰拍出了人民币280万。整套头饰镶装珊瑚无数，极尽华丽，重达2250g。

密宗认为红珊瑚代表了西方阿弥陀佛。

在欧洲，珊瑚通常被用来制作成项链、耳环、手链、戒指、胸针以及发饰等。最常见的老珊瑚首饰是近100年内的，也有少量百年以上的珊瑚珠串等。这些老首饰大多设计得很经典，手工精致，品相完好，加上岁月的洗礼，透着内敛的优雅。

老珊瑚珠上的虫洞。

第四节 如何鉴定珊瑚

1. 主要是看生长纹

红珊瑚的横切面上可见同心环带状生长纹（类似树木的年轮）及由中心向外的放射纹，从中央开始向外由小到大分布。在纵切面上常常有平行于生长方向的纵向生长纹，鉴定的时候最好用放大镜来观察。

珊瑚品种的鉴别也不难，参照本章第二节中所描述的各品种的特征，稍加练习，相信你就可以区别阿卡珊瑚、沙丁珊瑚、么么珊瑚和深水珊瑚了。

除了鉴定真假、品种，还要学会看珊瑚的品相。

2. 看品相，最重要的是质地和瑕疵

质地越致密、颜色越均匀、光气越足、瑕疵越少越好。珊瑚的瑕疵主要是白芯、杂质、虫洞以及压力纹。

阿卡珊瑚和么么珊瑚有活枝和死枝之分。活枝珊瑚指开采的时候珊瑚仍是活的，死枝珊瑚开采的时候已经死了。

另外还有倒枝珊瑚，品质介于活枝和死枝之间。活枝和死枝对价格的影响很大。活枝珊瑚颜色和光气都好，瑕疵少，显得鲜活美丽。死枝的光泽差、瑕疵多，光气和颜色会随着佩戴和二次抛光而逐渐变淡一点。

沙丁珊瑚倒不看重活枝还是死枝，要注意的是虫洞。新珊瑚的做

老珊瑚珠上的白芯，白芯是阿卡珊瑚和么么珊瑚的身份标志。

手比较多，尤其是沙丁珊瑚。所谓“做手”，就是对瑕疵进行了修补和遮盖，多是通过加色的蜡或树脂填补虫洞，用放大镜仔细查看就能发现。沙丁珠子做手的不在少数，购买的时候一定要注意。

3. 假珊瑚鉴别法

市场上珊瑚的仿品铺天盖地，没有把握的人最好能从可靠的商家那购买。珊瑚的真伪鉴定比较容易，买过真品，稍加留意，也就基本认识了。

塑料或合成材料染色的珊瑚属于低级仿品，没有珊瑚的生长纹；玻璃或石头等材质的密度大，分量比真珊瑚重。

比较能迷惑人的珊瑚仿品是染色海竹。海竹的生长纹粗，珠子外表的纵向生长纹有的甚至能达到一毫米间隔，不像真的红珊瑚生长纹那样细致。从横截面看更清楚，真珊瑚横截面是带年轮的放射纹，海竹没有年轮只有放射纹，很多时候看图片就能判定你要买的是否海竹染色。

此外，染色海竹用酒精或丙酮擦拭会掉色，放大镜看孔道口或瑕疵处可见染料残留痕迹。

另外，还有种草珊瑚，质地疏松，颜色怪异且不均匀，与真的红珊瑚很容易区分。

总而言之，远离假货的一个办法是不要相信捡漏。不论克卖，论串卖。颜色红、珠子大，一串价格也不过一千块左右，但有的黑心卖家会卖到几千块甚至更高，还会讲种种故事，你要是信了，那就等着被宰吧。

第五节 如何选珊瑚老珠子

1. 看材料

除有特别文化内涵的器物外，年代并不是珊瑚价格的主要决定因素。与翡翠和其他珠宝一样，珊瑚的价格主要由珊瑚本身的材料决定，

用源自内蒙古的雕龙纹老珊瑚珠制作的项链、手串。镂雕龙纹是其最大特色。

如果一定要按品种进行简单的价格排序的话，从高到低排名为阿卡珊瑚、沙丁珊瑚、么么珊瑚、深水珊瑚。

其实珊瑚的价格不能这么简单地一概而论，下面就具体来谈谈珊瑚的价格决定因素。

2. 看颜色

一般来说，颜色越深价格越高。几个价格因素中颜色的影响最大，同等其他条件下，颜色导致的价差呈倍数增长。比如同等大小和质地的沙丁珊瑚珠的价格，浅橙红色很可能不及正红色的三分之一。

3. 看大小

材料越大越难得，价格也越贵。就珠子来说，直径是判断的标尺。大尺寸的圆珠是可遇不可求的好东西。

4. 看质地和瑕疵

珊瑚的瑕疵要尽量少。阿卡珊瑚和么么珊瑚不可避免会有白芯，加工时要尽量让白芯在不明显处。阿卡珊瑚和么么珊瑚不要选带压力纹的，影响美观和价值。深水珊瑚的压力纹不可避免，选的时候也不必太过挑剔。

另外，虫洞对任何一种珊瑚的价值影响都很大，尽量选择少虫洞或没有虫洞的。有的死枝珊瑚虫洞多得像蜂窝一样，外观太丑则失去收藏的意义，价钱低也不值得买。

市场上有奸商用虫洞很多的廉价死珊瑚加工珠子冒充老珠子卖，这类珠子布满虫洞十分丑陋，卖家往往会编造故事说虫洞是由于年代久、保管不善被虫子咬蚀等谎言，大可不必理会。珊瑚珠子首要便是材质，布满虫洞的珊瑚即便是老的也不会让人有玩的兴致。

话说回来，珊瑚毕竟是天然的东西，尤其是老珊瑚，毫无瑕疵非常困难，尤其是大颗的珠子，有一点瑕疵也是可以接受的，不要钻入追求完美的牛角尖。

5. 看工艺

好的工艺对珊瑚的价格是加分项，而不好的工艺则是减分项。一般来说，好料就会有好工，不好的料通常工也不会很好。

总的来说，珊瑚珠子价格一般按克计算，每克从几百元到几千元不等，阿卡珊瑚价格高于沙丁珊瑚和么么珊瑚。顶级阿卡的价格还要更高，日本高知县出产的牛血红大珠子价格早就过万了。

过去，普通么么珊瑚的价格不及沙丁珊瑚，现在么么珊瑚价格上涨，大有要超越沙丁珊瑚的态势。相比起来，沙丁珊瑚倒是貌似有些性价比优势了。

相比阿卡珊瑚、沙丁珊瑚和么么珊瑚，深水珊瑚目前价格便宜，普通的几十块一克便能买到了。

此外，珊瑚小米珠、碎枝和碎料没什么价值，价格再低也没有必要去玩。经济条件允许的话，还是尽量买颜色好、尺寸大一些的珊瑚珠才能保值。

第六节 如何保养珊瑚老珠子

有机类宝石都是比较娇气的宝石，需要小心养护才能让颜色和光泽保持得更持久。

1. 避免重击、碰撞、划伤

珊瑚硬度虽然在有机类宝石中算硬的，但与天然石材类宝石相比还是很低，只有莫氏硬度 3.5 到 4。佩戴的时候需比较小心，避免重击、碰撞、划伤。收纳时也要注意不能与硬的东西放在一起，以免摩擦损伤。

2. 避免接触汗水、油污、化学物品

珊瑚的主要成分是碳酸钙，碳酸钙遇酸会发生分解反应，要注意远离酸碱等腐蚀性物质。不要让珊瑚接触日用化学品，如香皂、沐浴露、润肤露、化妆品、香水、发胶等。人体的汗液中有酸性成分，珊瑚怕汗水。夏季佩戴要小心，尽量不要让珊瑚接触汗水，容易让珊瑚失去光彩。珊瑚的结构带有空隙，要避免接触油渍。总之，出汗、下厨、游泳、沐浴、洗衣等时候不要佩戴珊瑚。

3. 避免高温和暴晒

珊瑚内含有水分，不宜长时间暴晒和高温烘烤。

上保养油后装进塑料袋内放置一晚便可让珊瑚饰品恢复神采。

4. 宜常佩戴

经常佩戴珊瑚是最好的保养方法。日常多佩戴把玩，人体的油脂和温度对琥珀是一种养护，会越盘越漂亮。夏季可以佩戴在衣服外面。冬季是贴身佩戴珊瑚的好季节。

5. 珊瑚的清洗

珊瑚佩戴过后，用清水冲一冲再收起来，把珊瑚上的脏东西或汗液洗掉以免日久出现发乌或白色氧化钙。珊瑚要尽量少接触自来水，因为自来水中残留的氯（来自漂白粉）对珊瑚多少有一些腐蚀作用。可以用纯净水清洗珊瑚，怕麻烦的话就用自来水冲一冲，但不要浸泡。实在想用洗涤剂清洗珊瑚的话，可以选用中性的洗涤剂轻轻地清洗珊瑚。清水冲洗后用软布将珊瑚擦干。

6. 珊瑚的上油保养

清洁好后，可以涂上一些无色无味的保养油，装进塑料珠宝密封袋内放置一晚便可恢复珊瑚的颜色和光泽，不过这只是补救办法，要想珊瑚保持靓丽，平时还是要注意保护。长久不戴的珊瑚，要用珠宝密封袋装好放置，以免脱水开裂或失色。保养油最好买专用的，偶尔用几次便可，不需要经常给珊瑚上油。若珊瑚失色和失光泽特别严重的，需要请专业人员重新抛光。

刚到手有一定年份的老珊瑚不建议上油。建议先盘玩，盘玩一段时间后，再视情况而定是否需要上油。就跟古玉一样，老珊瑚在盘玩过程中会发生变化，通常会变得更美丽，若是上油则易堵塞珊瑚孔隙。盘玩的时候，也要注意经常用清水冲洗老珊瑚，洗去污渍和汗水，盘玩前手要洗干净。

第7章 万能首饰搭配：绿松石老珠子

绿松石之美，不在于它们有多么璀璨的光芒或者神奇的身世来历，仅仅是它们散发出的古朴神秘的气质，就让观者难以忘怀。它们参与皇室祭月之礼，亦成为埃及法老墓葬之宝。它们是胜利的象征，亦为人们带去平安与健康。

第一节 绿松石之美，难以言说

绿松石的颜色有种难以言说的古朴美。这种绿色与黄金、蜜蜡、珊瑚简直是绝配。手串和项链中点缀上绿松石的配珠，立即能让整串饰品鲜活起来，视觉效果更加丰富，是十分实用的老珠子，近年来价格一路看涨。

绿松石与老珊瑚是绝配。

绿松石与黄金和珊瑚搭配特别和谐，带上这样的手串能唤起人们对旧时光的记忆。

延伸阅读

绿松石的前世今生

中国人很早就发现了绿松石之美。在距今8000多年前的河南舞阳贾湖遗址出土了大量绿松石串饰。绿松石饰品在很多新石器时期文化中都有出现，包括大汶口文化、仰韶文化、马家窑文化、红山文化、龙山文化、良渚文化、齐家文化等。进入夏商周时期，绿松石更是流行。

中国古代最著名的绿松石制品，是河南偃师二里头发现的镶嵌绿松石的夏代兽面纹青铜牌饰，透着古朴神秘的美，让观者难以忘怀。镶嵌绿松石的青铜器物在夏代开始出现，到春秋时还与新出现的错金银工艺同时使用，战汉错金银镶嵌绿松石带钩极其精美华丽。

中国古代绿松石除了用作镶嵌，还用来制作管、珠、片以及鸟和动物形制的坠饰。尤其西周时期，绿松石是大型组佩中的重要配件，与玛瑙、玉石搭配极为和谐。西周组佩中费昂斯的颜色很可能就是仿绿松石的颜色。

极度热爱珠子的古滇国人自然也使用绿松石，云南出土了大量古滇国绿松石珠。东汉时期祥符题材的小坠饰也有绿松石制作的。徐州汉墓出土的绿松石子母鸽圆雕坠饰相当著名，尺寸小但十分精致，长仅1.2cm，有孔可以穿系佩戴。

之后直到明代，绿松石多用于镶嵌，不用于制作珠子。明代梁庄王墓还出土了绿松石雕成的持荷童子佩饰。

在清代，皇帝在月坛举行夕月礼时，要穿白色朝服，佩戴绿松石朝珠。除了朝珠，清代绿松石还被用作冠饰、首饰以及雕刻摆件等。除此之外，西藏的珠宝、服饰、供奉之物上随处可见绿松石。

古波斯、古埃及、古代美洲地区的人们自古以来也十分喜爱绿松石。

在古埃及，皇后 Zer 的木乃伊手臂上戴着绿松石和黄金制成的手镯，百年前出土时，仍光彩夺目，震撼了世人。公元前 14 世纪著名的少年法老图坦卡蒙的黄金面具上，也镶嵌了大量绿松石。

古波斯墓葬中也发现过不少绿松石饰品，曾发现公元前 5000 年的绿松石珠子。波斯盛产绿松石，且质量很高，是历史上重要的绿松石来源。绿松石在波斯文化中是胜利的象征，如今已成了伊朗的国石。

美洲的绿松石历史也比较悠久。据说美洲的绿松石应该有数千年开采历史。印第安人十分喜爱绿松石，相信绿松石能辟邪和带来健康。墨西哥曾出土了公元 900 年到公元 1000 年的绿松石珠子。美国亚利桑那州和墨西哥阿兹特克的绿松石矿都有一千年以上的开采历史。

西周绿松石管珠和十分趣致的绿松石小青蛙，经过盘玩后显得宝光四射。

西周时期的绿松石琮形珠。

延伸阅读

绿松石的名称

绿松石的名称最早出现于文献是清代，大约是因其颜色为绿色，原矿为结核状，类似松果而得名，颇为贴切。元代的文献里称绿松石为“碧甸子”“襄阳甸子”。元代以前究竟叫什么名称有争论，有人认为“青琅玕”就是指绿松石。

绿松石的英文名称叫“turquoise”，即“土耳其玉”。其实土耳其并不产绿松石，传说是因为古代波斯出产绿松石，经土耳其运往欧洲，人们以为其产于土耳其而得名。

高古绿松石珠，图中这类绿松石珠子，主要流行于新石器时代晚期到商代，南北都有，包括齐家文化、红山文化、夏家店下层文化等遗址，中原及其他地区等。

第二节 什么样的绿松石珠值得收藏

值得收藏的绿松石珠子可以分为三类：

1. 高古绿松石珠

市场上真正的高古绿松石很少见。高古绿松石珠或多或少带有沁

高古绿松石与任何材质都能完美搭配。

色且常常发白发涩，结构比较疏松，沁色可以一直渗透到里面。

鉴定的时候完全可以借用鉴定高古玉石珠子的方法，主要看包浆、工艺与沁色。真高古绿松石符合时代特征且没有人工作伪痕迹，经过盘玩后颜色和包浆都会更加漂亮。

2. 近代的老绿松石珠

一般文玩爱好者能够接触到的是藏区的老绿松石，这些大颗的绿松石珠子与蜜蜡、珊瑚等串在一起，作为项链佩戴，可彰显豪华又古朴、粗犷之美。还可用作头饰、耳饰、衣饰、帽饰以及镶嵌在各类容器以及生活用品上。

此外，晚清到民国绿松石珠串饰品，多为项链和十八子

带雕工的珠子十分有中国特色。图中的绿松石、珍珠、沉香上皆雕刻有传统的团寿纹，红珊瑚雕刻成盘长纹。

老绿松石珠子手串。

手串。除了素面的圆珠串，还有带有雕工的珠串，珠子上大多雕刻着传统的吉祥图案。解放后，为了出口创汇也仿清代风格制作过一大批这类绿松石珠饰，现在又逐渐回流入国内市场，很受欢迎。

有一定年头的老绿松石珠子或多或少带着包浆和使用痕迹，工艺也是过去的手工工艺，比较容易辨识出来。

绿松石南瓜珠塔链。

浸胶绿松石珠串。

3. 新绿松石珠

现在，新绿松石珠在市场上也很热门。过去绿松石不怎么受关注，一直是一种价格不高、平易近人的半宝石品种。随着文玩热的兴起，绿松石的价格突然接连猛涨，近五年来上涨了几十倍，高品质的价格已超越黄金。

延伸阅读

绿松石如何优化和处理

绿松石的优化和处理主要有：过蜡、浸胶、染色与再造。

1. 过蜡

过蜡是过去流传下来的传统工艺，从前的绿松石制品，做好后放到川蜡中煮后再将多余的蜡擦去。

绿松石是一种有孔隙的半宝石，过蜡后可以在表面形成封闭，防止污垢的侵入，显得更光亮，更利于保养。

过蜡是绿松石工艺里普遍被接受的的一道传统工序，不算处理过。

2. 浸胶

浸胶是将绿松石在专用无色胶里加温不加压地浸泡数小时至数天以上，再冷却凝固。这样处理过后，质地疏松的绿松石孔隙被胶充填，提高了硬度，减弱了光的散射，使得颜色也变深变浓。

3. 染色

染色处理是将一些硬度低、质地疏松似粉笔、没什么颜色的劣质绿松石在加温高压下注入有色胶的处理方式。

4. 再造

再造是将绿松石碎末通过上述方法压合在一起形成大块材质的处理方法。

染色和再造都是对绿松石废料的利用。有人也把染色处理方式称为“灌胶”。这样的绿松石已经完全不是原本状态，没有必要去玩。

一个比较简便的分辨方式是把珠子劈成两半后用火烧，染色和再造的绿松石都会有浓重的塑料味道。

仿古绿松石隔片。

在过去，人们不太看重绿松石是否完全无优化，而现在则十分追求毫无优化的原矿手工磨制的珠子，通过盘玩使其发生了更美的色泽变化，人们也愿意为此付出更高的价钱购买。目前高品质原矿无优化的绿松石很抢手，且克价还在不断上涨之中。

第三节 如何保养绿松石老珠子

老绿松石和原矿的新绿松石都需要细心呵护。

1. 绿松石硬度不高，有许多孔隙，平常使用要注意防止碰撞划伤，避免接触日用化学品和污染物。

2. 绿松石也怕高温烘烤和日光暴晒，游泳的时候不能佩戴。

3. 注意防脱水，可以清水洗涤和浸泡。

4. 佩戴盘玩时手要干净，不建议给绿松石上油。

老绿松石珠子是各类手串、项链的好配件，但比较娇气，需要精心对待和保养。

第8章 『色相如天』的青金石老珠子

青金石曾被巴比伦人作为印章使用，也曾是世界上最昂贵的颜料。它们曾受到法老的垂青，也享受过艳后的钟爱，无白无金是它们的极致，只有黄金才能与它们相配。

青金石珠及吊坠制作的项链，这种独特的勺子形制的青金石珠子一般被认为是巴克特里亚时期或古代西亚的产品。

第一节 法老、埃及艳后最爱青金石

公元前3000年以前，美索不达米亚（两河流域）的苏美尔王陵墓中就出土了许多青金石珠子，后来的亚述人和巴比伦人还用青金石制

源自阿富汗的古代青金石珠子。其中一枚吊坠上还残留着青铜环，让我们得以窥见古人是如何穿系佩戴珠子的。

青金石包金箔珠是高等级贵族才能拥有的东西，这类珠子十分罕见。

古埃及的青金石珠子。

古老的青金石包金箔珠。除了青金石，也有玛瑙的珠子包金箔。市场上已经有仿品出现。青金石包金箔珠的仿品很多，可能是因为青金石做旧比玛瑙更加容易。

作滚筒印章。

在古埃及，少年法老图坦卡蒙陵墓中出土了大量镶嵌着青金石的陪葬品，法老的金棺、黄金面具、王冠、耳环、项饰、胸饰、手镯、戒指等，精美绝伦，震惊世人。此外，部分圣甲虫、垂饰和生活用品上也镶嵌了大量青金石，埃及艳后（克娄巴特拉七世）甚至用青金石粉来修饰睫毛。

不独是埃及艳后，之后的古希腊人、古罗马人也用青金石磨碎了做颜料。再后来，欧洲在中世纪时期到文艺复兴时期，用青金石粉制作的天然群青颜料非常流行。由于原料珍贵，群青属于当时很昂贵的颜料。

阿富汗发现的各种形状的古代青金石珠子。

青金石主要产于阿富汗东北部的巴达赫尚山区，至少已有5000年的开采历史，并传播到世界各地。

相比西亚和埃及，中国古代对青金石的利用晚得多了。除了早期极其零星的出土，直到汉代以后，才有了一些真正意义上的青金石制品，但是仍然很少。

在中国历史上，青金石是珍贵的颜料，敦煌和甘肃天水麦积山石窟的很多壁画中就使用了青金石颜料。此外，古时候的中国人认为青金石“色相如天”，用来制作帝王的葬器以助其升天之路。清代皇帝在祭天的时候要佩戴青金石制作的朝珠，也是以青金石艳丽的蓝色来象征天。此外，清代四品官用青金石帽顶。

第二节 什么样的青金石老珠子值得收藏

市场上的古代青金石珠子多源自西亚、南亚或东南亚等地，包括古埃及、古波斯、古印度、古希腊、古罗马等，此外，骠珠中也有用

与其他天然石材高古珠子混杂在一起的各种形制的西亚高古青金石珠子。老青金石珠子的包浆与新青金石截然不同，你可感受到了？仔细看，会发现老青金石表面有种老旧和油性的感觉。

源自地中海地区的古老青金石珠及古老水晶珠串成的项链。

青金石制作的。高古青金石珠中的精品为滚印、动物等形状的小雕饰、镶金箔的管珠、精致的吊坠和珠子等。

1. 老青金石珠子

中国的老青金石珠子很少，能够见到的是清代的珠子、帽顶、鼻烟壶等青金石制品，也有青金石山子。

高古的青金石珠子相当值得收藏，也很容易搭配。青金石的最佳搭档是黄金，显得庄重而华美。

收藏老青金石顾不上讲究青金石本身的材料品级，更重要的是年代、文化、形制、纹饰、工艺、品相。玩老青金石珠子更看重的是文化内涵和包浆。年代久远的青金石珠子的材质往往并不纯净，但有年代久远形成的皮壳，颜色暗沉而显得厚重，自然散发出一种古朴的美。

需要注意的是，青金石硬度低于玛瑙和水晶，容易加工，造假的成本相对较低，国外市场上仿西亚和骠珠等类型的高古青金石珠子仿品特别多，尤其是滚筒印章和动物等特殊造型的珠子，几乎可乱真，辨伪难度较大，要十分小心。

2. 新青金石珠子

青金石原料过去价格一直不高，2012 年后突然开始爆发性上涨，也是受到国内文玩热的催生。若是购买新青金石，就必须要注意材料的品级。

高品质的新青金石珠串。选购新青金石珠子必须要注意材料的品级，应尽量选择颜色艳丽、色泽均匀、无白、金少的珠子。青金石价格现在也高了，又便宜又好的东西基本靠不住的，要谨防染色品以次充好。网购还要防止图片与实物不符。珠宝一类的东西，市场上绝对是一分钱一分货的，万不可轻信网上那些价廉物美的神话。

第三节 如何鉴别青金石珠

青金石一般以白和金来界定品质。“白”是青金石中所含的白色方解石，“金”是指青金石中含有的呈金色的黄铁矿。选青金石时，要选择颜色艳丽、色泽均匀者，白和金越少越好，无白无金的则是最难得的品质。

青金石大件要做到完全无白很难，珠子体积小，无白还是相对容易的。

自己玩的手串或项链尽可能买颜色均匀、无白无金或无白少金的。

青金石的品质好坏一定要自己上手看，不能听信商家的一面之词，什么帝王青、5A 甚至更多 A 等等说法有时当不得真，自己眼睛看到的品质才可靠。

青金石的作伪方式主要是通过染色，用染色的方式遮盖青金石的白色，以冒允高等级售卖。简单的辨别办法是用棉球蘸上医用酒精或丙酮（可用洗甲水代替）擦拭看看会不会掉色，掉色的是经过染色的（有的用无机盐染色，上述办法测不出来，可送到检测中心鉴定）。

出口创汇时期的老青金石和绿松石龙珠项链。上世纪50、60年代，专门为出口到国外市场生产的珠宝饰品，沿用的是晚清民国传下来的老工艺，但又带有当时为了迎合欧美市场口味的因素，富有时代印记。这类产品现在又高价回流入国内市场。

第四节 如何保养青金石老珠子

青金石硬度不太高，要注意防止磕碰，不要接触化学物质，不要高温烘烤和暴晒，也不要给青金石上油。平时佩戴时尽量少接触汗水。

很多人都不建议用水洗青金石，因为其结构特别，是多矿物集合体，浸水会损伤内含的方解石，让污垢向内部渗透，影响青金石的美观。平日里青金石不必洗，用干净布擦一擦，佩戴时尽量保持干净就行了。

不过，收到心仪的青金石珠子后若是不能洗洗干净就直接佩戴，这让人多少心里有些不能接受。其实，青金石并不是真的不能洗，只是别常洗，偶尔洗的时候要用温和的中性洗涤剂，轻柔地搓洗后用清水冲洗干净，软布擦干即可，千万不要用水泡。

第9章 来自异域的老珠子

独特的工艺、新奇的花纹展示了那一抹异域风情，它们不仅是最好的装饰品，更是受欢迎的交易品，流传在世界各大洲。文明消失了，珠子还在，人们手捧着小小的一颗珠子似乎就能穿梭那无尽岁月，感受那古老的时代人们的喜怒悲欢。

第一节 什么样的“镶蚀红玉髓老珠子”（蚀花红玉髓）值得收藏

中国的老珠圈子里，常将镶蚀红玉髓珠子统称为美索不达米亚镶蚀红玉髓珠这个叫法不太准确。最早的镶蚀红玉髓珠的年代的确可以追溯到至少四千年前的美索不达米亚时期，或大致同时期的印度河流域的哈拉帕文化（其核心地区位于今天的巴基斯坦），但最晚的却可以晚至公元 10 世纪的伊斯兰时期，只有一千年历史。也就是说，镶蚀红玉髓珠的流行跨越了至少超过 3000 年的时间。

镶蚀红玉髓珠可分为四个主要时期。早在 20 世纪 30 年代，英国学者贝克（Horace Beck）就对镶蚀红玉髓珠子进行过深入研究并进行了分期。后来美国学者弗朗西斯（Peter Francis）在贝克的分期基础上对年代略有修正并增加了一个时期。本书中采用的是弗朗西斯的分期。

早期的镶蚀红玉髓珠，右边为烧过的珠子，烧过的珠子发白。此外，“镶蚀”二字也不准确，因为这类珠子上白色线条的形成并未采用镶嵌或刻划等步骤，“蚀”是准确的，而“镶”字则不准确了，所以学术界一般用“蚀花”二字来命名这类珠子，将其称为“蚀花红玉髓”或“蚀花肉红石髓”等。本书里仍沿用收藏界的习惯叫法：“镶蚀红玉髓”。

中期的镶蚀红玉髓珠子，在巴基斯坦与阿富汗一带被发现。

1. 早期的镶蚀红玉髓珠

（哈拉帕文明时期，前2600年至前1700年，大约相当于我国的夏代时期）

早期的镶蚀红玉髓珠子在美索不达米亚文明和印度河流域文明的遗址中有发现。其中最为人们熟知的就是美索不达米亚的考古发现了。在伊拉克南部古城乌尔，发现了大量红玉髓及镶蚀红玉髓珠子。据考古学家研究，乌尔出土的镶蚀红玉髓珠以及部分无纹饰的红玉髓珠并不是在当地制作，而是源自印度河流域。印度河流域早在公元前3000年已经出现了灿烂辉煌的城市文明——哈拉帕文化。印度河流域的人们制作的这些珠子，应该是通过贸易传播到了美索不达米亚。

早期的镶蚀红玉髓珠在市场上很难见到，但在国外的博物馆还可以欣赏得到。

2. 中期的镶蚀红玉髓珠

（次大陆早期历史时期，前550年至200年，大约相当于我国春秋晚期至战国时期）

印度河流域的哈拉帕文化消亡后，古印度和伊朗的工匠继承了镶蚀红玉髓的技术，在公元前1000年之后开始广泛制作镶蚀红玉髓珠子。

晚期的镶蚀红玉髓珠子，在伊朗一带被发现。

现在，市场上能见到的镶蚀红玉髓珠以中期的为主，距今有约1800年到2500年的历史，也属于高古珠子，是很好的收藏品。

据这一带地区的古珠商人所言，中期的镶蚀红玉髓珠的发现地点在今天的巴基斯坦、阿富汗和伊朗一带。显然，这一时期的镶蚀红玉髓珠是对早期印度河流域文明的传承。不过早期与中期之间有上千年的差距，尚有待进一步的发现和研究去揭示二者之间的具体联系。

3. 晚期的镶蚀红玉髓珠

（波斯萨珊王朝时期，226年至642年，大约相当于我国魏晋南北朝到隋末唐初时期）

后期的制作现在了解到大部分不是印度次大陆而是波斯人的作品（位于今天的伊朗），其年代主要是萨珊王朝时期，其核心地区在西亚，今天伊朗一带。

4. 末期的镶蚀红玉髓珠

（伊斯兰时期，6世纪至10世纪左右，大约相当于我国隋唐至北宋早期）

萨珊王朝之后，伊斯兰地区仍然在采用镶蚀工艺，不过由于伊斯兰教的影响，图案变成了阿拉伯文字。

第二节 如何鉴别镶蚀红玉髓珠

与市场上极其泛滥的新仿天珠一样，镶蚀红玉髓也存在很多仿品。常见的一般分为两种：

第一种是全新的仿品。

在新仿的红玉髓珠上用碱咬出白色纹饰。这类仿品很容易鉴定，只要看珠体本身是否老旧便一目了然。除了模仿传统的红底色白线条的珠子，现在市面上甚至还有底色被臆造成五颜六色的各种镶蚀玉髓出售，白色线条更是凹出各种造型，不得不感叹仿造者的无畏想象力。

第二种是老珠新蚀花。

利用没有纹饰的古代玉髓或玛瑙珠，用碱咬出白色纹饰。这种仿造方式比前一种更有杀伤力，从珠子本身的确是老的这一点来说，就能够骗过有一定基础的玩家。

那么，遇到这种情况该如何分辨呢？

1. 看老珠子的造型

常见的仿品“老珠新蚀花”采用的底珠为圆形、球形和长管形（真正的镶蚀红玉髓古珠中，球形和长管形占比并不多），其形制或多或少与镶蚀红玉髓珠的形制有点区别。

2. 看白色线条

老珠子上新蚀出的线条没有经历岁月，大多显得特别白皙干净，

镶蚀红玉髓搭配金珠制作的项链、手链和耳环。藏家的精心设计让古老的镶蚀红玉髓看起来极富装饰美感，是有韵味的古老又现代的时尚饰品。

镶蚀红玉髓项链、手串等。

仿品与真品镶蚀红玉髓的对比。左边的珠子为新蚀花的仿品，右边为真品。仔细观察可发现新珠子的线条很锐利清晰，而真品的线条因时间久远已经多少有点漫漶和晕散。用手摸会发现新刻蚀的纹饰与珠子不在同一个平面上，手摸可以感觉到线条；而真品的纹饰与珠子在同一个平面，手摸感觉不到。

看不到日久形成的、跟珠子没有蚀花的部分相类似的包浆。

也有的仿品是蚀花好了以后再做旧，但仔细看，还是可以看到新蚀花的线条的包浆与其他地方不一致，蚀花的痕迹显得生硬。

值得注意的是，仿冒者特别喜欢仿冒各种稀有图案，甚至臆造图案，以提高仿品价值，所以看到稀有图案的珠子要更加警惕。

3. 用手摸

部分仿品上面的蚀花线条是凹下去的，手摸得到刻蚀痕迹，而且线条往往比真品更细一些。而老珠子的线条绝大部分是在同一个平面上，手摸上去感觉不到差异。

需要说明的是，部分真品古珠的线条也可能摸上去不在一个平面，白色线条略微塌陷一些，这是由于用碱咬过的线条部位比其他部位疏松，在漫长的岁月里产生异常缓慢的塌陷造成，跟仿品人工刻划截然不同，有经验的藏家可一眼分辨，这种岁月形成的塌陷也是辨别真假的佐证之一。

第三节 什么样的"高古镶蚀玛瑙珠"（蚀花玛瑙珠）值得收藏

1. 高古镶蚀玛瑙珠有以下几种颜色

(1) 红色珠子白色线条

就是前面介绍的镶蚀红玉髓珠，最为常见。

长形的黑色镶蚀玛瑙寿珠。"寿珠"是现代人根据珠子上类似龟背图案的纹饰而取名。

黑色的“印度镶蚀玛瑙珠”。年代大约在 1800 到 2500 年左右，与中期的镶蚀红玉髓相当。目前市场上这类黑色的镶蚀玛瑙古珠很受欢迎。

(2)红色珠子黑色线条

这种珠子比较罕见，可能是工艺过程中用了铜做着色剂的缘故，形成的红色玉髓上有黑色线条纹饰。

(3)白色珠子黑色线条

这种珠子也十分罕见，是用镶蚀的办法先将珠子表面全部变白，然后再绘制黑色线条，形成白底黑色线条。后来西藏地区的天珠也是采用类似工艺，在白化后的珠体上描绘黑色的纹饰，只是黑色纹饰不仅仅是简单的线条，而是形成更加复杂的图案。

(4)黑色珠子白色线条

这类珠子最常出现的纹饰是足球纹、橄榄球纹、鱼骨纹、线纹等，比较常见，多源自今天的巴基斯坦、阿富汗、印度、孟加拉、缅甸和泰国等地，统

不同颜色的高古镶蚀玛瑙珠。

称“印度镶蚀玛瑙珠”（也有少量同样纹饰的镶蚀红玉髓珠，属于同一类东西）。

这类珠子目前在市场上很受追捧，一颗要数千元，一串手珠至少需数万元。

2. 传说镶蚀古珠上的纹饰具有辟邪的功能

古人为什么要在石头上蚀花上纹饰？传说镶蚀古珠上的纹饰具有辟邪的功能，不同的纹饰很可能有着不同的含义和功能，不过今天我们已经难以了解其具体的内容和使用方法了。

延伸阅读

中国古代仅有少量高古镶蚀玛瑙珠

过去，人们曾以为镶蚀红玉髓的纹饰是先刻出纹饰后再镶嵌白色纹饰进去，后来的研究表明，这种工艺并不是镶嵌，而是通过化学反应产生。中国有学者将其称为“蚀花红玉髓”，这种叫法应该说更为准确。

高古镶蚀古珠的传播很广泛，中国新疆境内的古丝绸之路也出土过，说明当时已经传播到西域地区。西藏也有镶蚀古珠的踪迹，中国的西北地区云南、广东一带也有少量发现。但是镶蚀古珠在中原地区出土极少，在级别非常高的贵族墓中偶有发现。可以判断，中国历史上没有制作过这样的珠子，国内出土的这种珠子应该是国外生产，多属于中期的镶蚀古珠。

奇怪的是，为什么仅有极少量镶蚀古珠流入中原地区呢？我们知道，春秋战国时期，史前丝绸之路已经存在，到了汉代，与西域的交流更多了，当时强盛的中原地区完全有能力多进口这样的产品。也许是不同民族的审美差异或中原的礼制不同造成，也许还有其他更深层次的原因。

藏族地区的天珠也是采用镶蚀工艺制成，有人认为，天珠并不是产于藏族地区，而是来自印度等地区的舶来品。但迄今天珠主要在喜马拉雅一带的藏区被发现，从未在印度被发现过，因此很难说天珠是印度所生产。

第四节 什么样的“西亚玛瑙珠”值得收藏

在国内市场上，所谓的“西亚玛瑙珠”，是指红色的玛瑙或玉髓珠，是一种统称，其实并不都是西亚制作的。

“西亚玛瑙珠”还包括极大数量的中亚和南亚的珠子。

在古代的贸易中，这些珠子被带到了世界各地，大家分不清这些珠子的具体产地，便统称为西亚玛瑙珠。此外，统称为西亚玛瑙珠也是为了与西周玛瑙珠区别开来。

这样说来，“西亚玛瑙珠”叫“中西亚玛瑙珠”也许更为贴切。

不同形制的“西亚玛瑙珠”。这张图里展示的是西亚玛瑙珠中的精品，多源自中亚地区。

高古西亚玛瑙珠。

在西亚两河流域的美索不达米亚平原（在伊拉克南部的古城乌尔），公元前3000年的苏美尔王陵墓出土了大量的精美珠饰，震惊了世人。而在乌尔王后普阿比（Queen Pu-abi）的陵墓中的发现尤为引人瞩目：

墓主人身边的滚筒印章上写着普阿比皇后，她的上半身完全被红玉髓、玛瑙、青金石、黄金以及银珠子所覆盖。这些红玉髓珠子形制

规整，打孔和抛光都很精致，颜色和形制都与西周玛瑙珠子接近，不过却比西周玛瑙珠早了上千年，不得不让人感叹西亚早期文明的兴盛程度。

除了红玉髓珠，乌尔还发现了大量早期镶蚀红玉髓珠。据国外学者考证，这些红玉髓珠很可能源自印度河流域一带，是通过贸易来到了美索不达米亚。

中亚及南亚地区，自古以来就是各种宝石、半宝石和玛瑙珠的制作和流通重镇，尤其是各种玛瑙珠，从新石器时期开始一直到近代都有，形制多样，粗精并存，数量很庞大。

收藏红玛瑙古珠，玩家应尽量选择精品且年代久远的收藏。工艺粗糙或年代不长的贸易珠，在古代就更多是商品而不是艺术品，收藏的意义不是太大。满足以下几个条件的高古玛瑙珠就可以称为精品：色泽艳丽，外形优美，孔道规整，抛光精细，品相完整。

高古红碧玉和绿碧玉的珠子。这里所说的碧玉也是石英质，比玛瑙含杂质更多，够不上玛瑙，其地质学名称为“碧玉”，与人们通常所说和田碧玉是风马牛不相及的。

黑色的有领珠。这种两端有领的珠子的形制就像一颗糖果，历史有2000年以上。这种有领珠，当时曾十分流行，各种材质都有，包括玛瑙、水晶、玉髓、半宝石等。

形形色色的古代红色玛瑙珠。图中这些珠子在西非被发现，年代跨度很大，从公元前一直到17、18世纪左右。而不同年代的珠子形制和工艺有明显差别，是断代的依据。

老缠丝玛瑙六棱长管珠。过去这种珠子在国内市场上常被当作辽金玛瑙珠兜售，其实这种颜色和形制的缠丝玛瑙珠产自印度，时代也比辽金时期晚了至少五六百年，为17世纪、18世纪或者更晚些时候的产品，属于当时的大宗贸易商品，存世量比较大。

第五节 如何区分“西周玛瑙珠”与“西亚玛瑙珠”

西周玛瑙珠：以腹部略微突出的短圆柱形和竹节形管珠最为常见。

西亚玛瑙珠：形制特别丰富，其中容易与西周玛瑙珠混淆的是短圆柱形的西亚玛瑙珠。

市场上一般采用的区分方法是看形制、光气和孔道。

1. 形制

西周玛瑙珠通常腹部略微鼓出，两端略微内收，整体呈现优美的弧线形。

西亚玛瑙珠很多呈垂直的圆柱形。

2. 光气

西周玛瑙珠抛光精致，包浆特别润泽，显得光气十足。

西亚玛瑙珠表面抛光不精致，坑坑洼洼，显得粗糙而且表皮干涩。

3. 孔道

西周玛瑙珠孔径大，孔道内水亮，孔道常可见不规则螺旋痕。

西亚玛瑙珠孔径小或略小，两面对钻，有的孔壁呈磨砂状大斜坡，有的打孔直且较规整。

上面所说的只是西周玛瑙珠和较为粗糙的一类西亚玛瑙珠的大致区分。

据推测，西亚玛瑙珠中大多是用作对外贸易的商品，制作的时候追求速度，因此工艺并不精良。而西周玛瑙珠多用于组佩，是贵族的礼器，制作可以说是不惜工本。但是，西亚玛瑙珠中也有不惜工本的精品，完全可以媲美甚至超越西周玛瑙珠。

目前市场上西周玛瑙珠价格已经十分昂贵，而西亚玛瑙珠价格相对处于价值洼地，价值尚未完全体现出来。高古的西亚玛瑙珠中的精品日后应该有一定的升值空间。

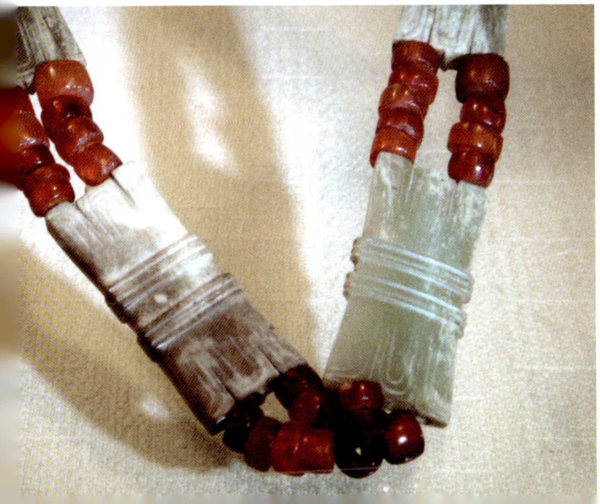

虢国墓出土的西周串饰。

一型苏拉玛尼珠的细节图。出土的这类珠子中品相完美的占比很小，大多有不同程度的裂痕或破损。

第六节 什么样的“苏拉玛尼珠”值得收藏

在国外的古珠界，有一种古老的缠丝玛瑙珠子被称作苏拉玛尼（Sulemani）珠。苏拉玛尼这个名字说起来你也许感到陌生，但是你一定听过大名鼎鼎的“药师珠”，圆形的苏拉玛尼珠在市场上常被称作药师珠。

除了圆形，苏拉玛尼珠还有桶形、橄榄形、管形、扁方形、水滴形等各种形状以及不同的大小，这些珠子在坊间常被称作“高古缠丝玛瑙”或“战汉缠丝玛瑙”。

苏拉玛尼珠有两种类型：

1. 一型苏拉玛尼珠——传说出自所罗门王的宝藏

这类珠子呈黑白灰色，不带褐色，缠丝线条纤细而密布，特别分

断裂的一型苏拉玛尼珠。从这两颗断裂的珠子可以清晰地看到打孔是双向对穿，在中间对接处形成台痕。孔道里有不规则的螺旋痕，是原始工具慢速打孔形成的典型特征，也是辨伪的重要依据之一。

一型苏拉玛尼珠（所罗门珠）手串。

明，整体外表显得十分干涩而缺乏玛瑙的正常光泽。

一型苏拉玛尼珠的身世相当神秘，传说，制作这种珠子的缠丝玛瑙矿石来自于消失的“所罗门王宝藏”，距今有至少3000年以上的历史（大约相当于我国商代末期以前）。

“所罗门王宝藏”的传说是否真实，至今仍然是未知之谜。但这种

二型苏拉玛尼珠（药师珠）手串。

特殊的玛瑙材质的确仅仅见于高古的珠子。

另一种说法，一型苏拉玛尼珠与下面介绍的二型原本是一样的东西，只是经过地火的烧灼而发生了性状改变。但这种说法不能解释为什么一型珠子的孔径相对二型普遍更大一些。二型珠子孔径相对细小一些，表明年代很可能晚于一型。而且二型珠子的形制要比一型丰富

一型苏拉玛尼珠，有各种尺寸，形制包括圆珠、管、水滴形珠等。

得多，很可能是发展得更为成熟时期的产物。

一型珠子大多都有各种伤痕和裂痕，全品相的珠子殊为难得。佩戴把玩的话也要注意这类珠子很脆弱，容易破碎的特性。

细密的同心圆缠丝是一型苏拉玛尼珠的特征。或许材质与二型没有本质区别，但是由于脱水的关系，让这种珠子色泽显得特别黑白分明、缠丝密集，看起来与二型珠子很不一样。

2. 二型苏拉玛尼珠——烧色玛瑙珠

这一类珠子黑白对比不及第一类明显，有些还带着或多或少的褐色色调，缠丝不及第一类珠子纤细和密集，有着玛瑙的正常光泽。是人工烧色的产品。

据说，这种烧色工艺最早由印度河流域的人们发明，他们把珠子浸泡在蜜糖水里加热，使得缠丝玛瑙变得更黑白分明。其产生年代大约相当于我国战国中晚期，且持续至北宋早期。

二型珠子的材质与正常玛瑙一样很结实耐用，适合佩戴把玩，不像一型珠子那样非常容易破损。

国内常说的药师珠也是烧色玛瑙珠。由于藏系珠子

二型苏拉玛尼珠有各种尺寸，从五六毫米到两厘米左右。图为尺寸最大的一种药师珠，直径约2.2厘米，制成手链相当霸气。

二型苏拉玛尼珠（药师珠）手链及散珠。

缠丝玛瑙吊坠形珠子。这样的吊坠很实用，制作串饰的时候一般是用作主珠，工艺难度比普通的管或珠更高，也更稀有，因此价格也高许多。

被市场热捧，全国各地都在追捧药师珠，价格很贵。

现在商家把圆形的二型苏拉玛尼珠都称作药师珠。药师珠中最受藏人和市场追捧的是珠子腰部正中一圈白线的所谓“一线药师珠”。除玛瑙天然的条带纹外，还有用蚀花工艺制作的一线药师珠，材质也采用缠丝玛瑙，广义上也属于苏拉玛尼珠的大类。药师珠很富有美感，看得出古代工匠制作珠子时，总是小心地让玛瑙天然条带纹理平行环绕珠体并尽量居中，在着意追求这种美感。英国人在维多利亚时期也曾仿制过这类珠子，维多利亚时期的仿制珠子，都是黑底白线，对比鲜明，风格上带着近代气息，距今只有一百多年历史。

3. 苏拉玛尼珠都值得收藏

总的来说，苏拉玛尼珠子都是值得收藏的，黑白的条纹让这种珠

各种形状的苏拉玛尼珠，大约流行于公元前后，距今2000年上下。

高古缠丝玛瑙小管及其他形状珠子。这类珠子从4500年前左右开始一直延续至1500年以前甚至更晚。总体来说，无论圆珠、管、吊坠还是其他形制的苏拉玛尼珠，若是品相和年份好，都是值得购入的珠子。颜色也易于搭配，相当的实用。

古老的吊坠形缠丝玛瑙珠。这些珠子的年代很早，在2300年以上，是难得的精品。

左边的苏拉玛尼珠年代至少在1500年以上，源自阿富汗；而右边的八棱缠丝玛瑙珠仅300年左右，产自印度。同样都是缠丝玛瑙，年代差异巨大。区分年代，除了看形制与工艺，还可以看包浆，左边珠子的包浆明显老旧，右边则显得较新。

子极富装饰效果。苏拉玛尼珠的形制和尺寸多样，工艺大多精细规整，制成手串和项链，男女皆宜，是十分美丽又实用的古珠

苏拉玛尼珠在市场上也有新仿制品，较易辨识，用本书中介绍的一般鉴定老珠子的通用法则就可以分辨出新仿制品。需要注意的是，苏拉玛尼珠的年代多在1500年到2500年之间，不要与年代较晚的缠丝玛瑙珠混淆。

巴克特里亚玛瑙珠与苏拉玛尼珠。图中这种发白的玛瑙材质硬度很高但韧性却比较差，容易摔碎，要小心保管。

第七节 什么样的“巴克特里亚古珠”值得收藏

阿富汗一带古珠商人所说的“巴克特里亚古珠”，大致指以下图中那种类型的缠丝玛瑙珠，年代大约是阿富汗及周边中亚地区的巴克特里亚青铜时期前后（距今约4400年到3600年）。

为什么有前有后，要知道一个种类的珠子通常不会突然出现也不会突然消失，总有一个传承的过程。

阿富汗与巴基斯坦交界一带，至今时有各种不同种类的古珠出土，包括前面所讲的镶蚀红玉髓和苏拉玛尼缠丝玛瑙珠。

巴克特里亚缠丝玛瑙珠与前面所说的苏拉玛尼珠有什么区别呢？

第一个区别在年代，巴克特里亚玛瑙珠的年代要早于苏拉玛尼珠；

第二个区别在形制，巴克特里亚玛瑙珠的尺寸更大，以较大型的管珠和扁珠最为典型，珠子的孔洞比苏拉玛尼珠要大很多；

第三个区别在材质，巴克特里亚玛瑙珠的材质常常呈浅灰白色，而苏拉玛尼珠则是深色居多。

带灰皮的巴克特里亚缠丝玛瑙管。珠子孔径大，受沁明显，已产生灰皮。这种灰皮经过盘玩会减轻，显出珠子原来的本色变得更透明。这类管子与我国滇文化的管珠有些相似，但年份应该更早。

第八节 什么样的“玛雅古珠”值得收藏

玛雅人的玉珠，部分带有雕刻纹饰，非常罕见。

玉文化不独中华文明有，中美洲的古印第安文明也有。中美洲的印第安人文化主要包括：奥尔梅克文化、玛雅文化以及阿兹特克文化。

奥尔梅克文化是美洲已知最古老的文化，大致在公元前 2000 年到公元 300 年左右。奥尔梅克玉文化的兴盛期，大致在其中后期。

玛雅文明是中美洲最为大家熟知的文明。其历史最早可追溯至公元前 1500 年，全盛时期大约在公元 3 世纪至 9 世纪，之后迅速衰落，但直到 16 世纪西班牙人入侵时才完全消亡。玛雅文明的全盛期也是其玉文化最兴盛的时候。玛雅文明很神秘，来得突然，又消失得极为迅速。阿兹特克文化比较晚，其年代及玉文化时期大致在公元 13 世纪到 16 世纪之间。

国外的古珠藏家很珍视中美洲玉文化的珠子，统称为“前哥伦布时期古珠”。这个时期的古珠大多是绿色的玉石制作，材质包括翡翠（中美洲出产的翡翠品级不高）、蛇纹石玉、透闪石玉等。其中翡翠硬度最高，材料难得，通常用来制作珠子和小件饰品。

第九节 什么样的念珠值得收藏

现在，很多人误以为念珠只有佛教才使用，其实世界上很多宗教都使用念珠，包括佛教、印度教、天主教、锡克教、巴哈教等。

据信世界上最早使用念珠的是古代印度教，在公元前数个世纪已经有了念珠。不同宗教的念珠的形制、数量、搭配、穿系方法和材质有所不同。如佛珠大家熟知一般为 108 颗，或 108 的除数，如 18、27、36、54 等。印度教通常也是 108 颗。伊斯兰教通常用 99 颗，有时只用 33 颗，33 重复三次便是 99。

在中国，由于佛教的念珠流传最广，以至于人们将手串往往又称为佛珠。

近代伊斯兰教嵌银珠的海柳念珠串，其串珠形制与佛教念珠有很大不同。

人骨念珠和人骨碗是西藏密宗的法器，又叫嘎巴拉，是梵文头盖骨的音译。据说制作嘎巴拉法器必须用修行有成的僧人之遗骨。

精美的清代嵌宝海柳珠手串。点缀银珠的海柳珠是伊斯兰念珠的一种。图中的海柳珠不仅点缀银珠，还细细地镶嵌着珊瑚、绿松，很罕见。搭配的是一颗老南红珠子。

第10章 骠珠与邦提克珠

邦提克珠是与天珠遥相呼应的『地珠』，经亿万年的升华化树成玉。它们是钦人的传家宝，神秘的图腾中内含强大的力量。不知它们何时诞生，但随着岁月的流逝，珠身上的花纹永不褪色。

邦提克木珠串，这一串都是难得的精品。邦提克珠神秘的图案据说是依据日、月、星、辰、山、川、闪电、风雨、动物等而来。传说缅甸的钦人将这些珠子称为传家宝，代代相传，人们相信这些神秘的图腾有着能够保佑佩戴者的神奇力量。

第一节 什么样的“骠珠”值得收藏

骠珠和邦提克珠最早为外界了解，是上世纪 80 年代以后的事情。骠珠的概念很宽泛，大致指缅甸古代骠时期的珠子，并由此而得名。实际上，后来的学术研究表明，这类珠子早于骠时期，属于萨孟时期，公元前 8 世纪到公元 1 世纪。

骠珠包含各种材质，玛瑙、水晶、玉石、青金石甚至琉璃，形制也十分多样，有些看上去明显源自古印度或波斯等地。最吸引人的是一些有特殊形状的珠子，比如最典型的大象形珠子，整个形状就是一头大象的样子，大象头部刻画十分简练和程式化，表明是成熟的量产制作。

时至今日，人们对骠珠的了解仍然很有限。

镶蚀黑玛瑙珠在市场上常被归入骠珠，但是否都属于骠珠值得商榷。实际上我们今天在市场上所见的各类镶蚀黑玛瑙珠，更多是源自印度、中亚及西亚。也有人称这类珠子为“印度镶蚀玛瑙珠”，前文介绍的足球珠、寿珠是最典型的印度镶蚀玛瑙珠。而线珠、金刚索等其他与邦提克珠类似的珠子在坊间更多地被称为骠珠。

延伸阅读

骠人与骠国

中国东晋时期的文献中有关于骠人的记载。据国外学者考证，早在公元前 1000 年（也有人认为是公元前 200 年），缅甸就已经有了骠人。骠人建立了自己的国家，我国唐代史书中记载为骠国。骠国在相当于我国唐代左右达到其历史上的鼎盛时期。骠人主要信仰为小乘佛教，也有大乘佛教和印度教。骠人有自己的文字，也同时使用梵文。直到骠国灭亡后，其文字还被继续使用了一段时间。骠国到公元 11 世纪逐渐淡出史籍，随着骠国的灭亡，骠人也渐渐消失无踪，留给后人许多待解的谜。

“一代”邦提克珠。图中上方珠串包含四颗12线大南瓜珠及一颗六线大南瓜珠，主珠是一颗九线虎纹管，左上方配了四颗虎牙天珠。中间是一颗五线虎纹管，其下是一颗12线金刚索珠，两旁各一颗12线南瓜珠。最下方是一颗闪电珠。

第二节 什么样的“邦提克珠”值得收藏

1. 邦提克珠：与“天珠”遥相呼应的“地珠”

相对于天珠来说，邦提克珠有个美丽名称“地珠”。邦提克珠中，尤其是长形的珠子，看起来确实像天珠的“兄弟”。

与天珠一样，邦提克珠上的装饰线条也是人工镶蚀而成，不过材质却不同。天珠是玛瑙材质，而邦提克的材质是天然的硅化木（木化石），因此它又被称作“邦提克木珠”。

邦提克木珠的外形不仅有长形和球形，还有方形的，在众多古珠中，方形可谓独树一帜。

邦提克木珠的价格与纹饰的稀有程度有很大关系，线条越复杂越难得。此外同样类型的珠子尺寸越大价格越高。

硅化木是化石化和硅化的树木，又被称作树化玉，就是树化成玉的意思，呈玉石质感，不透明，抛光后有光泽。就像经过亿万年变化的松脂硬化而成琥珀一样，是由蛹化蝶的一种升华。

邦提克珠也是采用镶蚀工艺制作，是在木化石表面施深棕色釉彩，镶蚀成各种白色线条图案，古朴庄重，极富艺术感染力。

2. 邦提克珠的年代之谜

对于邦提克珠，由于人们对其了解不多，年代上存在很大争议。

坊间常引用的一种说法是分三代：一代邦提克是3000年前制作，二代是2000到2500百年前的产品，三代则是20世纪40年代后的仿品。这种分代法源自中国台湾，一度甚为流行。

镶蚀黑玛瑙珠与邦提克珠纹饰很相似，有的甚至一模一样。

镶蚀黑玛瑙珠的年代至少可以上溯到2000年前左右，但是邦提克珠是否有那么长的历史是有争议的。

邦提克木珠很可能是后来缅甸人出于某种需要模仿前代的镶蚀黑玛瑙制作，就地取材采用了硅化木，然后还进一步发展出了自己独有的纹饰。如此说来，其年代要晚于镶蚀黑玛瑙珠，但究竟是什么时候仍是一个谜。

在国外，邦提克木珠普遍被当作千年或千年以上的古珠交易。但有研究者认为其年代实际不超过三百年历史，有些甚至不超过一百年。由于缺乏出土和文献证据，真相扑朔迷离，希望今后考古发现能为我们解开这个谜。

“一代”邦提克木珠项链。有六条放射状线条纹样的南瓜珠最常见，价格在邦提克木珠中属于入门级，珠子直径越大越贵。12 条线的南瓜珠则少见，价格比六线南瓜珠要高许多。

第三节 如何收藏邦提克珠

现在，有关邦提克珠的年代争议并没有影响人们对它的喜好和市场价格。

在邦提克珠身上，那些神秘的图案据说是依据日、月、星、辰、山、川、闪电、风雨、动物等而来。传说缅甸的钦人将这些珠子称为传家宝，代代相传，人们相信，这些神秘的图腾有着能够保佑佩戴者的神奇力量。

对一般玩家来说，简单地把邦提克珠分为两类也就行了，一类为真品珠子（市场上多称一代），一类为后仿品（市场上多被称作三代，有些商家故意误导说是二代，其实大多是90年代后的仿品）。有兴趣收藏的话就一定要买真品，尤其是高品。什么是高品？底色与白色线条对比鲜明，线条清晰锐利，纹饰特别的属于高品。

目前，真品邦提克珠的价格比一般古珠要高得多，大多在千元到上万元之间。普通的西瓜珠价格最低，其他图案的价格看稀有程度和品相而定。

第四节 如何鉴别邦提克珠

真品邦提克珠采用的是玉化程度高的硅化木（木化石），珠子表面釉色呈棕色或棕黑色，白色线条描绘得一丝不苟，孔道两端圆润光滑，包浆温润。

真品邦提克珠的细节图。邦提克珠的真伪鉴定并不难，看珠子的画工、材质的玉化程度、包浆和孔道特征等细节是关键。

邦提克珠仿品。可以看到仿品的材质干涩，画工较粗糙，缺乏宝光。

从孔道可见内里是白色的。有的珠子釉色有消褪，这种消褪自然且不均匀，没有人工做旧痕迹，珠子线条固化在珠子的表面不会脱落，随着釉色消褪也会有所消减。真品珠子上还常能见到依照木头纹理分布的圆或长的暗色点。

仿品邦提克珠的材质玉化程度不够，多显得干涩，表面釉色不滋润，有的给人有网纹的观感，孔道周围有的还下凹且孔道边缘锐利，白色线条大多画得随意，与真品区别明显。不过高仿的邦提克珠还是比较有杀伤力，釉色、画工、孔道看上去都不错，要特别注意。

总之，多看真品，慢慢体会就能分辨出来。

第11章 最便携的财富：贸易珠

它们产自哪里，曾被谁拥有？又经历了什么才颠沛辗转，散布世界各地？它们从东方带走了瓷器、丝绸，从西方带回了近代科技，越过高山、穿过沙漠、跨过大洋，把世界各地联系在一起。

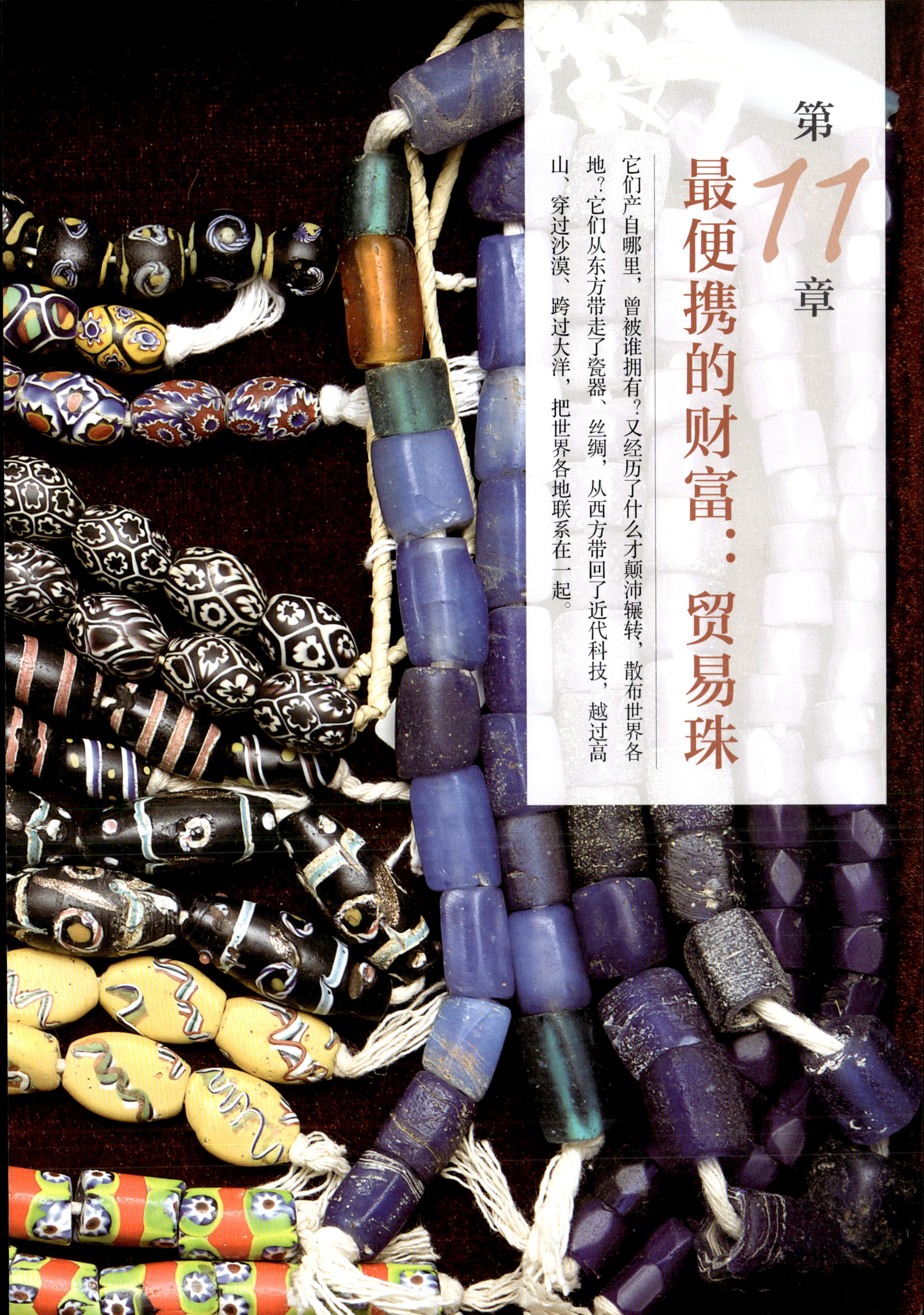

第一节 印度-太平洋琉璃珠

印度 - 太平洋珠子是人类历史上传播最广、时间最长的商品之一，绵延至今已有 2000 年历史。

这种珠子是将玻璃管拉至所希望的直径大小，然后再切成一颗颗珠子的。这类珠子直径很小，通常为 1 毫米到 5 毫米，很少有超过 5 毫米的。横截面通常为圆形，侧面则有扁圆、圆盘、管状和其他形状。颜色包括红棕色、橙色、黄色、绿色和黑色以及轻度半透明的绿色和

印度—太平洋琉璃珠子。

撒哈拉沙漠附近发现的印度 - 太平洋琉璃珠，有一层厚厚的白皮，用婴儿油泡能够恢复其美丽的颜色。

蓝色，半透明的琥珀色和紫色。玻璃内常含有大量气泡和耐火物质。

也有人称这种珠子为贸易季风珠（Trade Wind Beads），过去还有学者把红色的印度 - 太平洋珠子称为 Mutisalah。

著名的珠子研究专家，美国学者彼得 · 弗朗西斯先生在《亚洲海上珠子贸易》（Asia's Maritime Bead Trade）一书里提及他的新命名"印度 - 太平洋珠子"，根据传播途径而得名，这种命名方式显然更为科学。

印度 - 太平洋珠子过去认为是印度生产，然后被带到非洲、东南亚，最后流向东亚。现在我们知道它的产地并不只是印度，斯里兰卡、越南、泰国、马来西亚等地也有生产。

东南亚各地频频出土的拉制单色小珠就是印度 - 太平洋珠子。

除了东南亚，东亚也有这类珠子出土，在古代新罗首都庆州（今韩国境内）就有数量巨大的出土，日本弥生时代古墓也常有出土。

中国汉代时期的墓葬中也有这类珠子出土。此外，中国社科院考古研究所学者安家瑶先生经过研究确认，洛阳北魏永宁寺西门遗址出土的 15 万枚玻璃珠也属于这类珠子。不过这些珠子究竟是哪里制造，是否全都是舶来品，中国境内有没有这类玻璃珠的制作地点，还有待进一步研究。

延伸阅读

珠子从来都是不折不扣的奢侈品

在前面的章节中，曾多次提及珠子的贸易。你可知道，珠子在历史上一直是重要的贸易商品。

从公元前 2000 多年前，印度河谷销往美索不达米亚的镶蚀红玉髓珠子开始，珠子的贸易有着超过 4000 年的历史，地理覆盖范围几乎遍及全球，通过陆路和海路辗转运送到世界各地。

为什么珠子会成为重要的贸易商品？

纵观整个人类古代时期，可以说珠子都是不折不扣的奢侈品。

在文明的早期，珠子价值不菲，以珍贵的材质采取和手工的方式费时费力地制作，不仅是美丽的装饰品，还是显示地位身份的尊贵物品。

古人进行贸易，最难克服的障碍就是遥远的路途。想想看，历尽千辛万苦，冒着重重风险长途跋涉运送的货物，当然需要足够贵重和足够有用，才值得人们这样做。

而珠子就具有很强的实用性，价值高且便于携带，用作贸易交换真是再合适不过了。除了珠子，早期的贵重商品还包括丝绸、香料、宝石、玻璃、金银制品等等。

小小的珠子承载着人类文明的历史，是一个很严肃、很庞大的学术课题。学者们通过研究珠子（尤其是珠子的贸易）可以发现和解读曾经实实在在存在过但又随时间逝去的人类文明和历史，其中很重要的一部分就是研究珠子的贸易。

谈到贸易珠，让人不可避免地想探究其产自哪里，曾经被谁拥有，经过了什么样的路途辗转来到这里？探究这些贸易珠的来龙去脉是一件非常有意思的事情，通过小小的珠子能够窥探到过去的人类文明。

延伸阅读

珠子的贸易之路

进行早期珠子贸易的主要地区包括西亚、南亚、北非、欧洲、东南亚以及东亚各地，运输途径包括陆地运输和海上的贸易。

古印度是历史上珠子的重要产地，对珠子的贸易来说，古印度也是核心交易地区。古印度的珠子不仅向西传入西亚、欧洲和北非，还通过陆地上的丝绸之路以及海上贸易路线（也有人将之称为海上丝绸之路）传入东南亚和东亚地区，其中东南亚是重要的途经地和中转交易地区。

海上贸易路线起源并不晚于陆地上的丝绸之路。海上路线从地中海起，经过印度洋和孟加拉湾，到达马来半岛，跨越马六甲海峡，经过印度尼西亚西部，进入泰国，再绕过金瓯角经过越南，最后抵达中国南方海岸。

公元前 4 世纪，在印度和东南亚之间，已经存在珠子的海上贸易。到公元 1 世纪时，珠子贸易相当繁荣，延伸至朝鲜和日本等地。比如朝鲜就出土过不少古代珠子，包括红玉髓珠、金箔玻璃珠、带镶嵌的蜻蜓眼珠、多面无角的立方体玻璃珠等，这些珠子很可能原产自古印度或东南亚地区。

尽管珠子贸易难免会不时受到战争、政治、经济、技术的影响而或多或少产生暂时性的低谷，但来来往往的海上贸易两千多年来并没有中断过。

第二节 泰国古珠

前面说过，东南亚是珠子贸易的重要途经和中转交易地区。泰国因为其所处的地理位置，是重中之重，这里出土了大量古代的珠子丝毫不足为奇。

泰国南部发现的古珠品种极其丰富，年代跨度很长，至少可以上溯到两三千年前。珠子的材质应有尽有，包括费昂斯、玉髓、玛瑙、水晶、石榴石、黄金、陶土、贝壳等等。其中，印度—太平洋琉璃珠是这一带地区分布最为广泛的古珠。

泰国南部孔通区的“珠山”是最为有名的一个古珠集中地，这里因为曾发现了堆积如山的珠子而得名（此地的真正名称是：Khuan Luk Pad，属于孔通区）。不过，遗憾的是这里被盗掘得非常厉害。

过去在泰国无人重视这些古代珠子。据说从前这些珠子的数量非常多，在海边或河边，甚至下过雨后的院子里、田地里就可以看到珠子冒出来，人们也不捡回家，顶多拿去射弹弓或当骰子掷着玩。

直到近三四十年，人们才开始进行老珠子的收藏和买卖。泰国南部地区的人们已经习惯佩戴老珠子项链和手串，这已成为生活的一部分。

由于深感古珠的珍贵与其丰富的历史文化积淀不容被忽视，泰国人班查·彭帕宁医生花了大量精力与金钱收集和整理这些古珠，并出版了《璀璨·古珠·天珠》一书，书中图片精美丰富，有兴趣的朋友可以一阅。

第三节 非洲贸易珠

1. 非洲贸易珠的缘起

珠子通过贸易交换来到非洲的历史可以追溯到至少两千年以前。西非发现的各种玉髓、玛瑙、水晶、碧玉（这里所说的碧玉是石英质，比玉髓含杂质更多，其地质学名称就是“碧玉”，跟“和田碧玉”不是一种东西）等珠子的年代跨度很大，最早的可以追溯到公元前。

两千年来，非洲的玛瑙珠子大多源自印度地区，直到近200年，

西非发现的早期的高古玛瑙贸易珠，也许原产自中亚或印度，通过贸易来到西非地区，年代应至少可以上推至2000年前或更早，其工艺十分原始，形制与我国西周玛瑙相近。

德国人制作的精工玛瑙珠子和波西米亚人制作的仿玛瑙玻璃珠才取而代之。

非洲的贸易，早期极为有限，直到公元3世纪，阿拉伯人引进“沙漠之舟”——骆驼，利用驼队穿越撒哈拉沙漠才得以改观。其后，自公元7世纪开始，阿拉伯文明崛起并进入兴盛时期，在武力征服了西亚和北非后建立了地跨欧、亚、非的庞大帝国（阿拉伯帝国在我国史书中称为“大食”），主导了非洲贸易，并开启了贩卖黑奴的罪恶勾当。

到15世纪，大航海时代拉开序幕，新航路被发现，葡萄牙人最早抵达非洲，自此，欧洲人开始占据海上霸权，非洲殖民时代开始。随后西班牙人、荷兰人、土耳其人、英国人、法国人、德国人、意大利人、比利时人接踵而来，给非洲人民带来深重灾难。

2. 近代非洲贸易珠——野蛮与文明的交合体

近代非洲贸易珠与古代贸易珠有很大不同，玻璃珠占主要部分，色彩极为斑斓绚丽，复杂的工艺展现了人类文明在工业技术发展上的成果，却也记载了人类野蛮和血腥的一面。

近代非洲贸易珠的主导者主要是欧洲人。欧洲在16世纪至20世纪初期的殖民扩张时期曾经贩卖了巨大数量的珠子到非洲以交换那里的珍贵物资和奴隶。欧洲人贩卖给非洲的这些珠子大多是可以量产的相对廉价的玻璃珠，交换的却是非洲人昂贵的物资和必需品，包括黄金、象牙、香料、小麦、棕榈油、动植物等，是极不公平的交易，更何况还包括血腥的奴隶交易。非洲贸易珠是人类历史上那个不光彩的殖民时期的见证。

欧洲人不光将贸易珠卖给非洲，还向美洲、亚洲等全球其他地方输出，其中尤以近代18世纪和19世纪销往非洲的数量最为庞大。这些珠子被非洲人用作珍贵的个人装饰品。

近几十年，由于装饰品收藏的兴起，西方人又大量从非洲买回这些见证了人类文明和野蛮历史又极富装饰性的珠子，收进各地博物馆和私人藏家手中。

非洲贸易珠的材料以玻璃即琉璃为主，也有树脂、电木等人工材料和天然石材制品。玻璃珠的数量极为庞大，这类产品在欧洲各地都有生产，著名产地包括意大利威尼斯、捷克的波西米亚、德国的伊达

五颜六色的非洲贸易珠。非洲热爱这种颜色热烈奔放的玻璃珠甚于其他地区。

非洲贸易珠色彩斑斓、工艺复杂，展现了人类文明在工业技术发展上的成果，却也记载了人类的野蛮和血腥。

威尼斯千朵花玻璃珠。

尔 - 奥伯施泰因（Idar-Oberstein）以及荷兰、法国、英国等其他国家和地区。

3. 意大利威尼斯——显赫的玻璃之都

威尼斯不仅是著名的水城，在历史上还曾经是显赫一时的玻璃之都。在罗马和中东地区的玻璃工业衰落后，威尼斯在近古时期崛起成为全球的玻璃制作中心，生产的玻璃珠可以追溯到 14 世纪甚至更早时期。

威尼斯的玻璃工业在 15、16 世纪时达到鼎盛。玻璃作坊集中在威尼斯附近的穆拉诺岛（Murano）上。

威尼斯生产的贸易珠品种惊人的多样，超过 10 万种式样。这里的人们最擅长的玻璃珠工艺是缠绕法和拉制法。相对于缠绕法，拉制法是一个技术上的飞跃，用拉制的办法制作中空的细长玻璃管，然后切割出一个个珠子，能大大提高产量，降低成本。

这种拉制的办法还能玩出很多花样，用多根不同颜色的玻璃棒套叠或混叠再烧热粘结在一起拉制，就可以做出各种不同的带图案的玻

威尼斯雪佛兰玻璃珠（Chevron，又名纹章珠）。雪佛兰珠的特点是珠身是条纹图案，两端是多角星纹图案，从侧面可以看到珠子由内而外由好几层组成。色泽多红、蓝、白相间，也有其他颜色。

璃棒来。威尼斯人还用拉制法制作出带花朵图案的玻璃棒，切片镶嵌于事先准备好的玻璃胎上，制作出精美的千朵花玻璃珠。

4. 捷克的波西米亚地区——玻璃制作重镇

捷克的波西米亚地区不仅历史上是玻璃制作重镇，今天也仍然是玻璃制作中心。

波西米亚地区（还有摩拉维亚地区也制作玻璃，这里我们为了方便简称为波西米亚）17 世纪后才逐渐兴起制作玻璃珠，到了 18 世纪中期，这里生产的玻璃珠子已经散播到全球各地，成为威尼斯玻璃珠工业最强劲的竞争对手。18 世纪后期至 20 世纪初期，波西米亚的玻璃珠工业最为兴盛。

波西米亚玻璃珠的一个显著特点就是喜欢模仿各种天然材料，如玛瑙、玉髓、水晶、蓝宝石、绿宝石、石榴石、象牙、贝壳、珊瑚等等，有的几可乱真。这些人工产品问世后，曾打压了市场对印度等地宝石和半宝石等天然石材珠子的需求。

波西米亚人制作的琉璃仿品中的部分精品，今天的市场价格甚至超过真品，一方面因为存世量少，另一方面因为它们是人工制品的杰作，有其文化和技术内涵。

波西米亚人制作珠子最擅长模铸工艺，因为使用模具能够做出各种有棱面或刻面的“宝石”效果。模铸的珠子很难预先设法留好孔道，因此珠子需要用钻头打孔。有的珠子是趁热用尖状物刺出一个孔，这样的孔显得一头大一头小。

印度制作的老玛瑙六棱长珠（右）与波西米亚制作的玻璃仿品（左）。
波西米亚人制作的玻璃仿制品出现后打压了市场对印度玛瑙珠的需求。

波西米亚老六棱红玻璃珠，这类玻璃珠子是模仿印度生产的六棱玛瑙珠。

波西米亚生产的深蓝色玻璃珠。

5. 德国的的伊达尔－奥伯施泰因——宝石切割工艺重镇

伊达尔-奥伯施泰因至今仍是闻名的世界宝石中心之一。这里的宝石加工历史悠久，这里是玛瑙贸易珠的重要制作中心。产出的玛瑙珠子被大量销往非洲，也供应欧洲和美洲市场。

德国人在自己制作的玛瑙珠上展现了一贯的严谨和技术的先进。伊达尔-奥伯施泰因制作的玛瑙珠有很强的工业化气息，外形极为规整，颜色均匀，大小一致，刻面光滑，抛光精细到甚至看不到加工痕迹，

波西米亚仿水晶玻璃珠。

德国人在自己制作的玛瑙珠上展现了一贯的严谨和技术的先进，外形规整，颜色均匀，大小一致，刻面光滑，抛光精细，俨然有一种后工业时代的味道。

完全不同于同时期印度手工生产的玛瑙贸易珠的原始气息，俨然有一种后工业时代的味道。

伊达尔-奥伯施泰因的玛瑙贸易珠大多呈现一种很深的暗红色，沉稳大方，这种颜色是原产自巴西的灰色玛瑙原矿加热优化形成的。

6. 其他地区

除了上述地区，荷兰、英国、法国、瑞典等地在近代也是贸易玻璃珠的产地。非洲贸易珠的产地有时非常难以准确区分，因为各产地虽有自己的特色产品，但又相互交流学习，有时不同产地的产品几乎毫无二致。比如荷兰生产的许多贸易珠与威尼斯生产的贸易珠就十分相似。

总而言之，现在市场上非洲贸易珠存量很大，品种很丰富，色彩足够斑斓绚丽，极富装饰性。最关键的是，其中许多品种的价格很平易近人，大众完全可以接受，是一类有趣的藏品，其中的珍贵品种作为藏品尚有相当潜力。感兴趣的朋友可以进一步深入研究。

7. 非洲再生玻璃珠

非洲人在高价购买了大量欧洲琉璃珠后，逐渐发展出了自己制作的产品。

制作玻璃珠的原料基本都来自于玻璃瓶碎片或碎玻璃珠，将之粉碎后进行再加工，因而得名再生琉璃珠。

延伸阅读

为什么是“非洲贸易珠”而不是“亚洲贸易珠”

其实这些珠子不仅仅大量销往非洲，也曾有相当数量销往世界各地，包括亚洲。欧洲人主导亚洲的海上贸易比对非洲贸易要晚得多了，到了19世纪后半叶以后，才开始真正主导亚洲海上贸易，从这个时候起，欧洲的贸易珠才得以大量涌入亚洲市场。

此外，总的来说，亚洲人对珠子的喜爱远比不上非洲人狂热，而且对玻璃这种材质早有相当认识，欧洲人没办法将之卖出超高的溢价。

19 – 20 世纪的非洲项饰，带铜挂件和铜珠，这种项链不仅大而且沉重，想必佩戴起来极富存在感。

带有金彩的贸易珠。

老琉璃贸易珠，这类珠子仿月光石的颜色，有种朦胧的变彩感。

来自尼日利亚的非洲再生琉璃珠手链。

再生琉璃珠自18世纪就开始生产，至今在非洲仍然流行，依旧保留着过去家庭手工作坊式生产工艺。再生琉璃珠大多是用缠绕和拖曳的技法制作而成，色彩多蓝、黄、绿、褐等色，手工虽然粗糙却透着原始而富有非洲气息的艺术气质。再生琉璃珠很受西方重视，被认为是非洲艺术的一个重要载体。

第12章 中国有哪些玉石老珠子

中国八千年的玉文化成就了玉石老珠子的独特地位，它们华美大气，上至帝王、下至黔首都对它们情有独钟。它们是『礼』的代表，是『德』的象征，引领了时代的风尚，也是中外文明沟通的桥梁。

第一节 玉石老珠子的缘起

要说珠子在中国的历史，据考古学家研究，早在旧石器时代，距今2万至1.8万年前，北京周口店的山顶洞人就已经懂得用骨头、贝壳、石头、牙齿等材料制作成珠子来装饰自己了。

从旧石器时代进入新石器时代，人们制作石器的技术提高了很多，对石头的硬度、密度、韧性等特性也有了深入的认识，更重要的是，懂得将玉（或者说美石）与普通石头区别开来对待了。

中国的玉文化至少有8000年历史，玉珠的历史也至少有8000年。而以玉制作的珠子，毫无疑问是珠子中的贵族，可不是普通人能够佩戴的，佩戴之人在氏族中的身份地位是十分尊贵的。

图为剥离石叶后残存的新石器时期石核。史前时期，古人十分精于制作石器，技术很发达，让今天的人自叹弗如。

新石器时期人们制作的精美的玛瑙细石器（石叶、石片），除了用它来做刮削或切割用的日常工具以外，也可当作箭头打猎，也可用它来制作珠子。其中，细长形工具很可能是钻孔用的钻头。细石器并不是一块块开料然后打制或磨制而成。古人用的办法巧妙得多，是一片片“剥”出来的，这个工艺的学名叫“压制”。细石器的制作过程大致是，选料、打坯、开边脊、剥离石叶，一层层剥离石叶直到石核变小变短不能再用。制作石叶的工艺体现了古人对石材特点和力学原理的掌握。

史前时期，什么人能如此尊贵？是氏族或部落的首领，是能够“通天”的巫觋（接事鬼神之人，我国古代女称巫，男为觋）等。

要用玉做珠子，必须先琢磨玉料。大部分玉石都有相当高的硬度，史前人类只能用非常原始的工具来琢磨玉料，制作玉器很不容易，玉珠非常珍贵。

新石器时期的细石器与石核不算饰品，更不是珠子，可是它们向我们揭示了新石器时期的制作工艺，是学习的极好标本。

第二节 史前时期的玉石老珠子

1. 内蒙古赤峰兴隆洼文化出土的玉珠

（约前 6200 年至前 5200 年）

兴隆洼文化发现了中国迄今所知年代最早的玉器，兴隆洼最具特色的玉器是玉玦。兴隆洼出土的玉珠数量不多，造型为管状，腹部稍粗，形状不规整，对钻孔，应该是用作项饰（从出土位置判断）。

兴隆洼文化玉管。内蒙古自治区林西县白音长汗遗址出土，距今 8000 年左右。可以看出工艺尚显得稚嫩，造型为管状，腹部稍粗，形状不规整，打孔为双面对钻。

红山文化玉珠。内蒙古自治区巴林右旗那斯台遗址出土。通体抛光，半球形和球形珠子，一侧有对穿孔用以穿系，工艺显然比起兴隆洼时期已经进步了许多。距今超过5000年。

2. 东北红山文化出土的玉珠

（约前4000年至前3000年）

红山文化鼎鼎大名，地域分布很广泛，主要分布在辽宁西部、内蒙古东南部、河北北部，玉器精美又丰富，是史前时期玉文化的一个高峰。

红山文化出土了大量玉珠、不同长度的玉管以及半球形和球形珠，最常见的是腹部略凹的束腰形珠，这种形制可能是模仿骨头（两端粗中间凹）而制的。

红山文化中，除了硬度较高的透闪石玉，也有硬度较低的绿松石、巴林石、煤精等。一般认为，红山文化玉器的透闪石玉多为岫岩所产的“河磨玉”（“和田玉”中的一种，产地在辽宁岫岩）。

凌家滩文化玉管珠。在管珠的表面制作凸起的弦纹，这需要采用一种类似减地工艺的技术才能完成，具有相当大的难度。

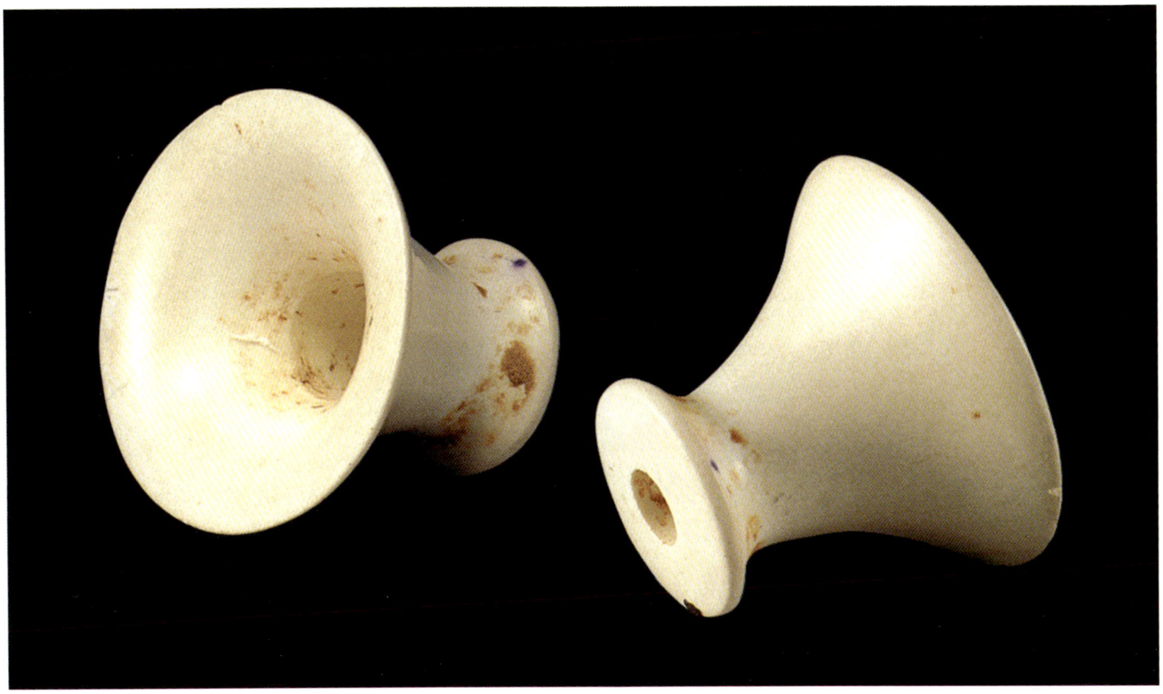

凌家滩文化喇叭形玉饰。安徽省含山县凌家滩遗址出土。高 1.3cm，尺寸虽小制作却相当规整，抛光圆滑，工艺精湛。

3. 安徽凌家滩文化出土的玉珠

（约前 3600 年至前 3300 年）

凌家滩文化出土的玉石管珠，材质包括透闪石玉、地方玉以及玛瑙等。凌家滩出土的喇叭形精美玉饰，小巧玲珑，规整圆滑，十分精致。而且，还出土了工艺精湛得不可思议的水晶耳珰，说明当时的凌家滩人在雕琢高硬度的材料方面水平已经十分高超（玛瑙和水晶的硬度为 7，比玉还要高）。

4. 江浙良渚文化出土的玉珠

（约前 3300 年至前 2200 年）

良渚文化是与红山文化相辉映的另一玉文化高峰，出土的玉器多不胜数，以玉璧和玉琮最为典型。另外，出土的玉石珠子包括管珠、

良渚文化玉项饰。浙江省余杭市反山22号墓出土。由12枚玉管及玉璜串成，玉璜上浅浮雕和线刻雕琢神人兽面纹，玉管皆为对钻孔，有的端面还留有线切割和片切割痕。良渚文化的玉器受沁一般都比较严重，出土玉器多呈古玩行所谓“鸡骨白”沁色。

这是早期北方民族的玉管珠，这些珠子玉料很特别，有种紧致的光泽感，表面有龟裂纹，与南方良渚文化的“鸡骨白”珠子有着明显区别。

束腰形珠、桶形珠、球形珠、半球形珠和各种小坠饰等，数量大且形制多样。

良渚的玉器通常受沁很严重，往往已经看不出玉料的原貌，呈现古玩行所谓的“鸡骨白”样貌。这跟玉料本身材质及江浙一带土壤有关系。

良渚玉料的来源，有人认为是江苏溧阳小梅岭，因为近年来这里发现了类似的玉矿。此外，良渚文化还有大量的滑石珠子，硬度很低，等级逊于玉珠。

石家河文化虎面形玉饰。湖北省荆州市马山镇枣林岗出土。高仅 2.3cm，珠外部浮雕虎头，十分精致。

5. 湖北石家河文化出土的玉珠

（约前 2200 年至前 2000 年）

石家河文化的玉器数量不多，但水平很高。出土了小巧（2 厘米至 3 厘米）且具象的玉珠和坠饰，如玉人头像、玉蝉、玉虎头及虎头珠等，数量稀少。

6. 山东大汶口文化出土的玉珠

（约前 4300 年至前 2500 年）

山东海岱地区的大汶口文化玉器比不上大致同时期的良渚和红山文化，数量也较少，出土过由琮形管、冠状佩和管珠连缀而成的精美玉串饰。大汶口文化地处红山和良渚之间，我们可不能以为古人的文化是封闭独立发展的，有很多考古学证据表明，这三个文化之间有着密切的交流。

7. 甘肃、青海东部地区齐家文化出土的玉珠

（早期在前2000年左右，下限还当更晚）

齐家文化出土的玉器的量很大，出土了管珠、鼓形珠、小坠饰等。材质包括透闪石玉、地方玉、天河石、绿松石、水晶等。还发现了一种细小的有白色、黑色、灰色等不同颜色的地方料制作而成的小管珠串，出土时多放在陶罐里，量很大，很可能是为了丧葬而专门制作的，属于葬玉，不是装饰玉珠。

齐家文化天河石珠手串。天河石制品在中国新石器时期很早便已有发现，其色彩与绿松石接近，或许古人也没有把绿松石和天河石分得那么清楚。

红山文化时期的玉珠（左）与夏家店下层文化时期的玉珠（右）。图中红山文化时期的珠子形制上短一些，但孔径却较大。夏家店下层文化时期比红山文化时代要晚了许多，珠子更长但孔径反而缩小，显示出工艺的进步。

8. 内蒙古夏家店下层文化出土的玉珠

（前 2000 年至前 1500 年）

出土了绿松石、玛瑙、煤精等材质制作的管珠和扁体四边形珠子，还有玉管珠以及红玛瑙制成的类似算盘形状的珠子。红玛瑙珠在世界许多地方都有，地域和年代跨度都很大，在本书另有讲述。

9. 台湾卑南文化出土的玉珠

（前 1500 年至公元前）

出土了玉珠、玉管，有些玉管的长度竟然达 29 厘米，说明当时的穿孔技术十分高超。台湾也产玉料，花莲地区就有玉矿，卑南文化的玉料很可能源自这里。

延伸阅读

什么是文化

在考古学中，“文化”是一个专门术语，考古学家常以首次发现典型遗址的小地名来命名一个文化，并将周边同类型遗址也纳入同一个文化。

延伸阅读

什么是“狭义的玉”“广义的玉”

狭义的玉，是玉最严格的定义，只有和田玉和翡翠属于这个范畴。

和田玉又称“软玉”“真玉”或“闪石玉”，在中国有着8000年使用历史；翡翠又称“硬玉”或“辉玉”，明代末期才进入中国，到清代始为流行。

翡翠在19世纪后与和田玉一起被称为“真玉”。尽管进入中国很晚，但大有后来者居上的势头，近年来由于巨量投资资金的介入，高端翡翠更是屡屡创下天价，让人可望而不可即。

广义的玉，泛指一切美石。夏鼐也认为，“玉在中国古代文献中，是指一切温润而有光泽的美石。”中国古人指的玉，就是广义之玉，包括和田玉、翡翠、蛇纹石玉、独山玉、石英质玉、绿松石、青金石、玛瑙、水晶，甚至琥珀、煤精等。对今天的我们来说，广义玉的范畴就更广了，统称为“玉石”应该更为恰当。

第三节 先秦时期的玉石老珠子

在中国历史上，夏商周三代是礼制时代，玉石珠子不仅是人们生活中的装饰品，更是礼器的重要组成部分。西周时期，大型玉组佩更是将装饰玉器的礼器功能推到极致。

春秋以后，玉的含义已经上升到“德”，尤其是和田玉，成为了“德”的象征，深受士大夫阶层的喜爱，以玉比德，君子无故玉不去身。

1. 夏代玉器

夏代玉珠出土量十分有限，仅在二里头遗址发现了鼓形的绿松石珠串成的项链。

2. 商代玉器

商代出土的玉珠无论是形制还是材质都丰富得多。殷墟就有各种

商代晚期绿松石人形珠。河南省安阳市刘家庄出土。从头到底有一通天孔，双向对钻而成，高仅 1.99cm。

商周或更早时期的地方玉石珠串。材质可能是地开石（过去人们常把地开石误称为叶腊石）。今天大家熟知的寿山石、青田石、鸡血石、巴林石等主要矿物成分就是地开石。地开石硬度低，是雕刻印章的好材料。人们很早就已经开始利用地开石，江西新干大洋洲商代大墓就出土了一件极为精美的圆雕玉羽人，玉羽人戴着鸟形高冠，冠上还连着三个掏雕的活环，是古代艺术珍宝。

形制的玉管和玉珠出土。

商代除了用玉制作珠子外，还有绿松石、玛瑙制作的管和珠。中原古珠中的一个广受欢迎的类别——西周玛瑙珠，在商代便已经有了雏形。商代的红玛瑙珠大而扁，略呈鼓形，双面打孔，珠子的开孔形状很像大喇叭，中间小而两端大，孔壁非常粗糙。

3. 西周时期的玉珠

西周时期，最为著名的当属西周玛瑙珠，在古玩圈中被简称为“西玛”，它宝光内蕴，色泽红艳，形制以扁扁的、腹部略微突出的短圆柱形为主。此外，还有长竹节管形，制作技艺精湛，比普通的西玛

西周时期的玉璜和滑石珠子。图中滑石珠子形制多样，有龟背珠、碟形珠以及管珠。这些珠子都是当时大型组玉佩中的配件。滑石硬度低，很容易吃刀（吃刀是玉雕行业的术语，意即用刀刻得动）。也有人称这种材质为矾石，其实是滑石的误称，杭州话里滑石很像矾石，因此坊间便把这种珠子称作矾石珠子。江浙一带，用滑石制作的玉器、玉管珠，早在良渚时期便已经流行。

西周中期玉组佩。山西省运城绛县倗伯夫人毕姬墓出土。

西周玛瑙珠与战国水晶制作的项链。从图中这颗三通水晶珠上可见战国时期的水晶工艺，加工细致，抛光精良，很好地保持了水晶的晶莹剔透之感，令人叹服。其中还包括一颗精致的西周玛瑙竹节管。竹节管为典型的西周形制。

更加难求，价格虽贵，却备受推崇。

十年前普通的西玛几十块便可买一颗，还可以选好的挑，可如今两千块一颗还不太好买到品相好的，竹节管就更贵了，因此西玛现在也被誉为全球最贵的玛瑙珠。不过若是与天价的天珠相比，那西玛显然是小巫见大巫了。

这些红色玛瑙珠其实是西周人组玉佩上的配珠，与其他珠子和玉璜、玉佩搭配在一起，是讲究礼制的周人用来别身份、明贵贱的标志。如此贵重与精美的组佩在西周，是只有当时的权贵阶层才能拥有的礼器，是地位和身份的象征。有学者认为，商人以玉与贝为宝，但贝可用于赏赐，玉则为价值昂贵的“不动产”，不可赏赐。

4. 春秋战国时期的玉器

春秋战国是礼崩乐坏的时期，战乱的年代，也是思想极度活跃、百家争鸣的时代。人们组佩的形制产生了巨大变化，变得更为简练大气，珠子的使用数量大大减少，形制和纹饰效果则被更加重视。

战国玛瑙环与玛瑙飞碟珠。圆形的玛瑙环，仔细看可看到白色玛瑙内含红色朱砂点。这样的玛瑙环简洁大气，用绳子和珠子串起来，今天佩戴起来感觉依然很时尚，富有现代艺术韵味，让人有种穿越的感觉，不得不感叹古人的审美超越了时代。

战国时期的红缟玛瑙珠（与如今市场上所谓的“战国红”玛瑙是两回事。“战国红”是商品名，其实是新发现的玛瑙矿，与战国不沾边）。

收藏圈里常将这类形制的战国玛瑙环或水晶环称为“三才环”，由于它接近三棱圆环状而得名，“三才”寓意“天”“地”“人”，这个称呼也寄托了人们追古的情怀。

春秋战国时期除了玉和玛瑙珠，还有水晶珠。此外，这个时期的水晶环和玛瑙环尤为精美，值得收藏。

除玉珠外，春秋晚期到战国还出现了魅力四射的多彩玻璃珠（即琉璃珠），其中最著名的当属战国蜻蜓眼珠。

第四节 秦汉魏晋南北朝时期的玉石老珠子

公元前221年秦始皇统一中国建立了秦朝。秦朝尚武，忙于战争，对装饰玉珠的喜好也放到一边。考古发掘出土的秦代玉器数量不多，玉珠的资料匮乏。而且，秦代只有短短15年，尚未创造出新的艺术风格，玉器仍延续战国风格。

1. 西汉时期的玉石珠子

汉代是中国历史上一个强盛的帝国。西汉时期，由于丝绸之路的兴起，玉料多起来了，上层社会也因此变得更加讲究，好的玉器基本上都选用和田白玉制作了。另外，除了用玉以外，也用水晶、玛瑙制作珠串佩戴，如满城汉墓出土的玉舞人珠串，由水晶珠、玛瑙珠、玉

西汉玉串饰，江苏省扬州市邗江姚庄汉墓出土。珠子的材质左起：玛瑙、玛瑙、白玉、煤精、白玉、煤精、琥珀、琥珀、白玉。珠子形制包括羊，鸟、方胜、压胜、管珠等，每件仅高1cm左右。

老缠丝玛瑙珠搭配高古玛瑙珠项链。这种缠丝玛瑙珠在市场上常被称作战汉缠丝玛瑙，其实缠丝玛瑙珠在西亚和古印度地区发现得最多，形制特别丰富，也是与战汉差不多同时期的珠子（包括安息帝国、孔雀王朝及贵霜帝国等时期）。珠子无国界，丝绸之路的交流已经数千年，舶来的缠丝玛瑙珠出现在汉墓中的例子不少，显然在当时也曾受到中原和北方草原地区人民的喜爱。

饰和玉舞人佩穿系而成。

西汉时，玉器的制作达到了中国玉器史上的一个高峰。与此同时，西亚和古印度地区的玛瑙、玉髓和水晶等半宝石珠子的制作也正处于其历史上的高峰。

战汉时期，西亚和古印度地区的珠子通过丝绸之路和海上贸易交流进入中原地区，在中国境内许多地方都有出土。

这些来自境外的珠子的材质包括玛瑙、玉髓、水晶、玻璃等，形制多样，而且有些是中原从未有过的品种，比如神秘而美丽的镶蚀红玉髓珠子（西亚和古印度在历史上一直是玛瑙、玉髓及半宝石珠子的制作中心，品种丰富，制作技艺极为高超）。

咸阳市马泉镇大泉汉墓出土的玉、水晶、玛瑙、琥珀、琉璃串饰。部分珠子有着典型的西域风格，包括左上角的黑白缠丝玛瑙管，右上角的彩色琉璃珠，以及下方的三颗异形小坠饰，当是通过丝绸之路与外界交流所得。

有专家认为左上角的黑白玛瑙管是天珠，因而认定这是迄今发现的最早的天珠出土资料。仔细看实物，与一般认为的典型天珠还是有相当差距，纹饰是缠丝玛瑙的天然纹路而非人工镶蚀而成。

2. 东汉时期的玉石珠子

东汉时期，由于社会风尚的改变，谶纬神学和黄老方术盛行，开始流行辟邪和压胜的玉器（又被称作“厌胜佩”或“压胜佩”）以及祈福用的玉器，皆是用以穿系的佩饰。

汉代刚卯与严卯合称双印，呈四方形，中有孔，可穿系佩戴，四面皆刻有文字，形制一样但文字不同。

司南佩是形如司南仪的一种小型佩饰，其后简练演化为工字形玉佩。

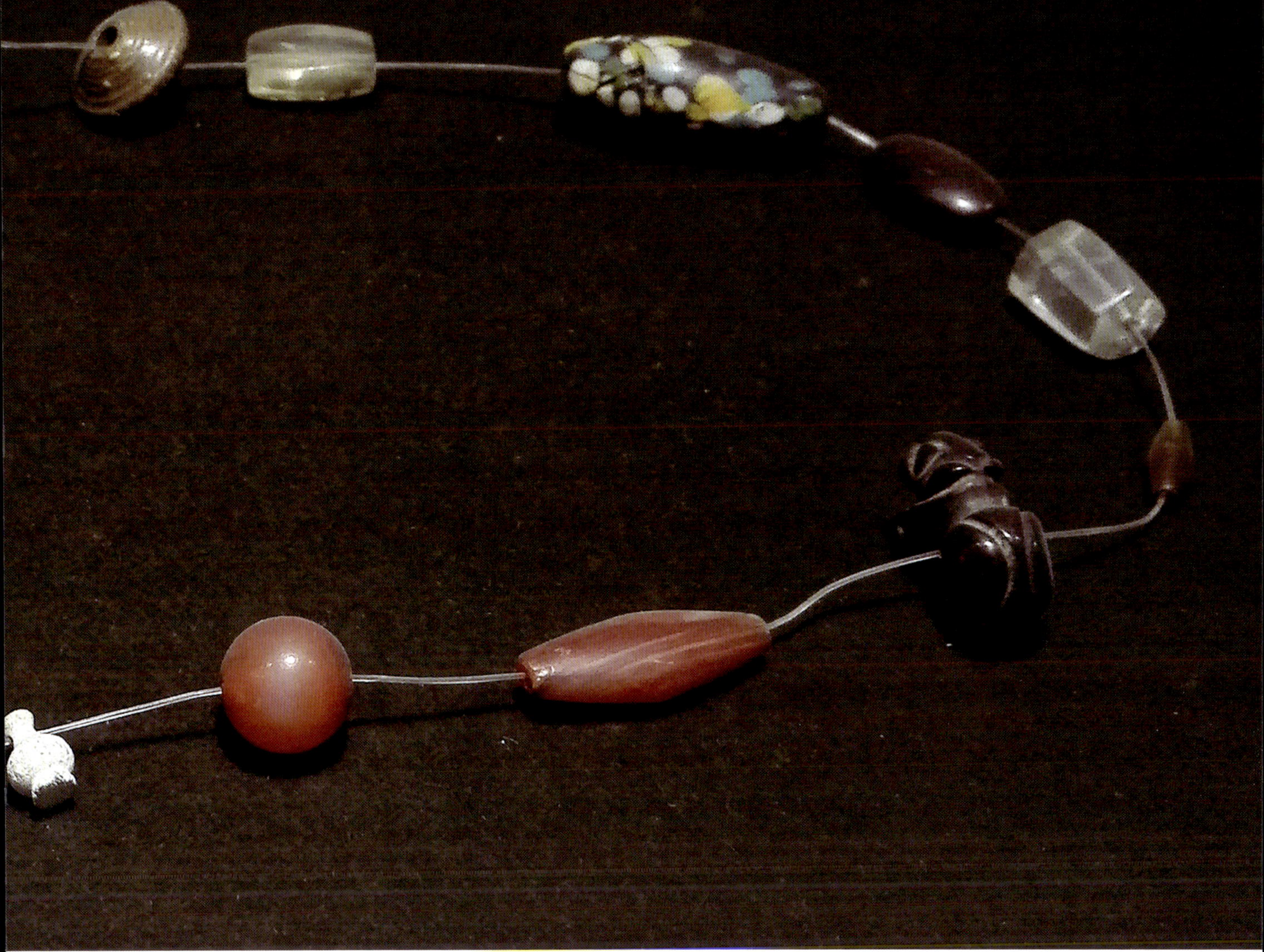

玉翁仲是人物形玉佩，与前述刚卯和司南佩一样被当时的人作为辟邪和护身符佩戴。

此外，其他各种祥符题材的小玉饰件在汉代也广为流行，其中包括不少动物造型的微雕作品。这些玉饰品大小仅1厘米左右，造型多样，有鸡、鸭、羊、鸽子、乌龟等，材质包括玉、玛瑙、琥珀等，通常与各种玉珠一起穿系成串佩戴。

有趣的是，中亚和其他地区也有类似的动物等各种造型的古珠，流行年代与汉代相当，也可能早于汉代，很可能是汉人与外界交流的证明。

汉代时期，除中原地区外，匈奴等北方民族也佩戴由水晶、玛瑙、琥珀和玻璃制成的珠串，这些珠子相当一部分可能是中亚、西亚等地区制作，通过交流进入中国。

源自国外动物造型的古代天然石材珠子。这类珠子大多尺寸小，造型生动可爱，与我国汉代的祥符题材类珠子很有些相似，其时代与我国汉代也差不多。

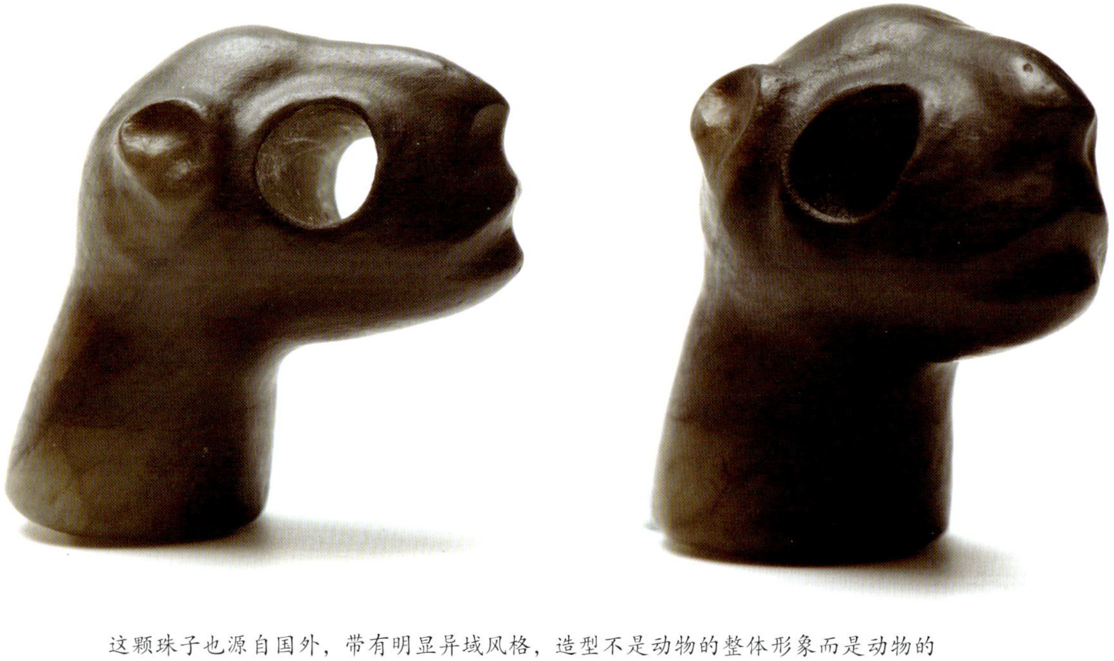

这颗珠子也源自国外，带有明显异域风格，造型不是动物的整体形象而是动物的头部形象，这一点与其他动物造型的珠子比起来显得十分特别。珠子采用黑色坚硬石材琢制，工艺精湛，看起来很像骆驼。

南方也有珠子，南越王墓出土了复杂的玉组佩，连接精美的玉璜和玉璧的珠子由金、玉、玻璃、煤精等制成。

3. 云南古滇国地区的玉石珠子

云南古滇国地区的人们非常喜欢珠子，甚至可以说他们对珠子的热爱是中国历史上之最。他们一般用玛瑙、绿松石、孔雀石和玉制作各种形制的珠子，甚至用成千的珠子穿成“珠襦”殓葬。古滇国有一种独有的乳突形制的玛瑙饰，背面有牛鼻穿，用于穿系成串，也可缝缀或镶嵌在衣物、腰牌上。

4. 魏晋南北朝时期的玉石珠子

汉代之后的魏晋南北朝时期社会动荡，连年战乱，社会风尚也随之变化，玄学、佛教的流行影响了玉器的发展。但也有人认为这个时期玉器出土少的原因其实是当时的人爱好吃玉以求长生不老。不管怎样，此时期的玉器玉质和工艺均不如前朝却是事实。同时，装饰用的玉珠也随之大为减少。

古滇国独有的乳突形制的玛瑙饰。背面有牛鼻穿，用于穿系成串，也可缝缀或镶嵌在衣物、腰牌上。别小看这珠子，工艺可相当复杂，制作这样的乳突和牛鼻穿孔在古滇国当时应该也算高科技了吧。

隋代镶宝珠金项链。陕西省西安市隋代李静训墓出土。美轮美奂的金镶珠宝工艺，是来自波斯地区的舶来品。后来唐代流行金镶玉工艺应是受了波斯萨珊王朝文化的影响。

第五节 隋唐至宋辽金时期的玉石老珠子

1. 隋代的玉石珠子

隋代的装饰用玉资料较少，但从已有的出土资料来看，却有非常高的水准。李静训墓出土有玉、水晶、玛瑙珠等，广为人知的是一条精美的金镶宝石项链，它是来自波斯地区的舶来品，显示了波斯萨珊王朝文化对中原文化开始产生的影响。

2. 唐代的玉石珠子

唐代，整个社会审美风尚受西域地区影响颇深。当时的妇女们喜爱佩戴满头的金镶玉珠翠等饰品，采用的是金镶玉技术，应是受擅长制作贵金属首饰的波斯人的影响，改变了唐代以前玉珠都是穿系而佩戴的做法。

唐代玉器的另一个特点是不再以礼制为重，开始以实用、欣赏为主，开启了一个全新的时代。

3. 五代的玉石珠子

五代时期历史比较短，且由于连年战乱，玉器的制作较少，基本上沿袭唐代晚期风格。

4. 宋代的玉石珠子

宋代玉器礼性意义骤降，开始进入民间，出现世俗化倾向。

另外，宋代玉器工艺非常精，以动植物等图画入玉，很生活化，是玉器历史上的“小清新”时期。

宋代时金与玉搭配的风气仍流行，当时的皇帝就是使用玉佩、黄金饰品与玉珠搭配在一起制成的组佩。

此外，由于宋人军事疲弱而北方民族强悍，使得丝绸之路中断。玉料短缺，宋人使用水晶、玛瑙、贵金属等制作珠子，甚至“以药制珠”，宋人所称的“药玉”就是仿玉制作的玻璃。由于玉料短缺，宋代妇女佩戴的饰品如珠璎等常改用珍珠制作。

通过海上贸易，中亚和西亚的水晶、玛瑙、琥珀、珊瑚等珠子在宋代时期继续进入中国，如安徽合肥宋墓出土的一种精美的果核形水晶珠显然是来自于西域地区。

南宋水晶珠。安徽省合肥市包公家族墓地出土。果核形水晶珠具有明显的异域特征。

5. 辽代游牧民族的玉石珠子

辽是五代与北宋时期契丹人建立的政权。纵观世界各国，游牧民族对珠子有着特殊偏好，大概因为珠子即美观又便于携带，是游牧民族理想的随身财富。

契丹人似乎相当喜爱由玛瑙或水晶制作的玉珠，如陈国公主墓就出土了水晶珠和由红玛瑙管及黄金坠子串成的珠串。出土资料表明，辽代玉器仅限于契丹上层贵族使用。由于游牧民族通常手工业都不太发达，契丹人的珠子来源大约是贸易或掳掠。

辽代项饰，心形坠和T形坠分别穿在左右，是契丹人特有的形制。由于文献资料有限，人们尚不清楚契丹人这种穿系方式的含义。

6. 金代的玉石珠子

金代是继辽之后女真人建立的政权。女真人也十分喜爱玉器，春水、秋山等题材都颇具特色，遗憾的是，关于此时期的玉珠资料却很少。

第六节 元明清时期的玉石老珠子

1. 元代的玉石珠子

元代玉器承袭了宋辽金的风格。最独特的是有一种瓜楞形绿色玉髓制作的珠子，用于穿系在官帽上。除此之外，关于元代的玉珠资料就很少了。

宋、元、明时期的玉珠。

2. 明代的玉石珠子

明代出土的玉珠非常多，由于当时的复古风潮，玉组佩得以重新出现。

此时期的玉组佩多以扁平三角形或椭圆云头与花瓣、柳叶、蝉、鸳鸯、鱼和玉珠组成。与前代不同的是，明代的玉组佩多用玉而不是玛瑙或水晶制作珠子，形制也以圆珠为主。

宫廷之外，明代玉文化开始向世俗化、商品化发展，民间也开始大量使用珠子作为个人佩戴装饰品，材质也不仅限于玉，还大量采用珍珠、玻璃、贵金属和半宝石等材质。

明代民间玉器工比较粗，有“粗大明”之称，但宫廷用玉仍不惜工本精雕细琢，甚为精美，与“粗大明”迥然有别。

老南红玛瑙珠。

3. 清代的玉石珠子

由于工艺的发展，清代珠子的材质较前代大为丰富，翡翠、玛瑙、水晶、宝石、玻璃、珐琅、雕漆、陶瓷、象牙等应有尽有。

清代民间特别流行的十八子手串，即用翡翠、水晶等材质制作。

除使用珠子做装饰品外，宫廷还使用朝珠来区分身份和等级。清代朝珠制度极其讲究，不同身份、场合佩戴什么材质的朝珠都有着详细的规定。

清代红玛瑙灯笼形珠。

清代朝珠由108颗珠子穿成，分身子、佛头、背云、纪念、大坠、坠角六部分。制作朝珠所用材质很丰富，包括珍珠、翡翠（翡翠进入中国的时间一般认为是在明代末年，但却是在清代中期流行起来并广为人知的）、玛瑙、琥珀、珊瑚、象牙、蜜蜡、水晶、青金石、玉、绿松石、碧玺等。

鸣　谢

书中的部分藏品，幸得圈内几位资深藏家朋友的大力支持，将十余年累积所得的藏品慷慨倾囊而出供挑选摄影以飨读者，只因我们有着共同的理念，皆希望让更多人看到真、善、美的老珠子，在头脑中建立起正确的参照标准体系，感受到古珠的无穷魅力。

谨在此向他们郑重致谢。

书中还收录了几位国内外资深古珠商人提供的部分藏品，也谨在此向他们表示深深的谢意。

允华

2015 年 7 月 27 日于上海

硕大而珍贵的羊角珠、药师珠，历经两千年岁月仍光亮如新，用放大镜进行微痕观察，则能清晰看到每颗珠子历经的沧桑岁月，每一颗都是那么独特，在无言地诉说着地域时空的故事，不知道那是什么样的浪漫又或惊心动魄呢。人类历史就是这样，虽然过往已随风逝去，但先人们制作的古珠仍在各处存留，影响着我们。

图书在版编目（CIP）数据

老珠子 / 允华著 .-- 南昌：江西科学技术出版社，2015.9(2022.4 重印)
ISBN 978-7-5390-5407-0

Ⅰ．①老… Ⅱ．①允… Ⅲ．①首饰－鉴赏－基本知识
Ⅳ．① TS934.3

中国版本图书馆 CIP 数据核字 (2015) 第 218821 号

国际互联网（Internet） 地址：http://www.jxkjcbs.com
选题序号：ZK2015185 图书代码：D15074-102

项目策划 / 设计制作 / 紫图图书 ZITO®
监　　制 / 黄　利　万　夏
责任编辑 / 魏栋伟
特约编辑 / 马　松　路思维
营销支持 / 曹莉丽

老珠子 允华 / 著

出版发行　江西科学技术出版社
社　　址　南昌市蓼洲街 2 号附 1 号　邮编 330009
　　　　　电话：(0791) 86623491　86639342（传真）
印　　刷　天津联城印刷有限公司
经　　销　各地新华书店
开　　本　889 毫米 × 1194 毫米　1/16
印　　张　18.75
印　　数　2501—5500 册
字　　数　60 千字
版　　次　2015 年 9 月第 1 版　2022 年 4 月第 2 次印刷
书　　号　ISBN 978-7-5390-5407-0
定　　价　199.00 元